超临界二氧化碳布雷顿循环发电及储能一体化基础

唐桂华　范元鸿　李小龙　杨丹蕾　著

机械工业出版社

超临界二氧化碳布雷顿循环以其高效紧凑的优势被认为是动力转换系统的未来变革技术,在第四代核电、第三代太阳能、化石能源高效低碳化、大规模长周期储能及先进航空航天动力等领域具有重要应用潜力,对助力实现"碳达峰"和"碳中和"目标具有重要意义。

本书分为三篇,共9章。第一篇对超临界二氧化碳布雷顿循环动力系统及储能系统进行了简要介绍;第二篇系统阐述了加热器、回热器和冷却器等关键换热设备中超临界二氧化碳流动传热机理、强化技术及换热器评价方法;第三篇深入讨论了超临界二氧化碳循环燃煤动力系统及动力系统与储能系统集成转化的一体化系统。

本书可供能源、动力、储能、核能、航天等相关专业领域中的科技工作者、企业研发人员、管理专家及高校师生参考使用。

图书在版编目(CIP)数据

超临界二氧化碳布雷顿循环发电及储能一体化基础/唐桂华等著. —北京:机械工业出版社,2024.3

ISBN 978-7-111-75241-7

Ⅰ.①超… Ⅱ.①唐… Ⅲ.①超临界-二氧化碳-热力学循环-联合循环发电-研究 Ⅳ.①TM611.3

中国国家版本馆 CIP 数据核字(2024)第 048249 号

机械工业出版社(北京市百万庄大街 22 号 邮政编码 100037)

策划编辑:尹法欣 责任编辑:尹法欣 舒 宜
责任校对:曹若菲 丁梦卓 封面设计:张 静
责任印制:任维东

北京中兴印刷有限公司印刷

2024 年 3 月第 1 版第 1 次印刷

184mm×260mm · 10 印张 · 246 千字

标准书号:ISBN 978-7-111-75241-7

定价:78.00 元

电话服务　　　　　　　　网络服务
客服电话:010-88361066　　机 工 官 网:www.cmpbook.com
　　　　　010-88379833　　机 工 官 博:weibo.com/cmp1952
　　　　　010-68326294　　金 书 网:www.golden-book.com
封底无防伪标均为盗版　机工教育服务网:www.cmpedu.com

前言

碳达峰和碳中和是解决人类资源环境约束的必然选择。2020 年 9 月 22 日，习近平总书记在第七十五届联合国大会一般性辩论上向全世界郑重宣布，中国二氧化碳排放力争于 2030 年前达到峰值，努力争取 2060 年前实现碳中和。2021 年，《中共中央 国务院关于完整准确全面贯彻新发展理念做好碳达峰碳中和工作的意见》发布，其中指出大幅提升能源利用效率、加快实施节能降碳改造升级，是构建低碳安全高效能源体系的重要内容。超临界二氧化碳（supercritical carbon dioxide，S-CO$_2$）布雷顿循环以其高效紧凑的优势被认为是动力转换系统的未来变革技术，在第四代核电、第三代太阳能、化石能源高效低碳化、大规模长周期储能及先进航空航天动力等应用领域优势明显。

首先，相较于工业中常用的水蒸气朗肯循环和氦气布雷顿循环，S-CO$_2$ 布雷顿循环在 450~700℃ 的温度区间内均呈现较高系统效率的一致性。其次，S-CO$_2$ 透平出口压力约 7.8MPa，而水蒸气透平出口压力仅为 4~5kPa，因此末级透平内 S-CO$_2$ 比水蒸气具有更高的密度，这使得透平尺寸更紧凑，约为蒸汽透平机械的 1/30~1/20、氦气透平的 1/6。同时，S-CO$_2$ 压缩机运行在 CO$_2$ 临界点（临界温度 T_{cr} = 30.98℃，临界压力 p_{cr} = 7.38MPa）附近，压缩机内较高的工质密度可显著提高系统的紧凑度并降低压缩耗功。而且，S-CO$_2$ 比水蒸气更稳定，可有效避免水蒸气透平机械中的叶片气蚀现象，从而降低加工难度，且 S-CO$_2$ 的低腐蚀性也使得它对管道材质的要求较低。此外，基于二氧化碳的压缩气体储能技术采用的循环与 S-CO$_2$ 的布雷顿发电循环具有较好的一致性，在构建大规模长周期储能模块与发电模块相耦合的储发一体化系统中极富优势。

然而，S-CO$_2$ 布雷顿循环动力系统及储能与发电一体化系统面临众多关键基础科学及技术问题，包括与循环相关的共性问题、循环与特定热源耦合的特性问题。而且，S-CO$_2$ 布雷顿循环动力系统及储发一体化系统均具有复杂的热流系统多尺度特征，可分为系统、部件和过程层面三个尺度。本书立足于 S-CO$_2$ 布雷顿循环动力系统的多尺度特性，阐述过程层面机理、部件层面模型，以及系统层面构建，为推动我国能源动力系统的节能升级及储能技术突破提供参考。

本书分为三篇，共 9 章。第一篇包括第 1、2 章，分别对超临界二氧化碳布雷顿循环动力系统及储能系统进行简要介绍。第二篇包括第 3~6 章，第 3 章阐述超临界二氧化碳传热恶化机理与抑制；第 4 章阐述非均匀加热管流-热-力多场耦合评价与优化；第 5 章对超临界二氧化碳冷却器类冷凝传热机理进行分析；第 6 章阐述热力循环系统中换热器的评价方法与优化构型。第三篇包括第 7~9 章，第 7 章阐述超临界二氧化碳燃煤发电系统多尺度计算平台和系统优化设计；第 8 章阐述超临界二氧化碳燃煤发电与高效储能系统的逐步集成与转化策略；第 9 章阐述基于多热源的超临界二氧化碳发电和储能一体化。

IV

本书作者有幸参加了华北电力大学徐进良教授领导的"十三五"国家重点研发计划"煤炭清洁高效利用和新型节能技术"专项的"超高参数高效二氧化碳燃煤发电基础理论与关键技术研究"项目，与项目组各位同事一起工作，得到了项目组专家及各位同事的大力帮助，在此向他们一并表示感谢；在国家自然科学基金及相关空天动力项目持续支持下，作者进一步拓展了超临界流体动力系统应用领域及超临界二氧化碳储能等研究。本无意成籍，但是由于各种原因，相关研究内容均公开发表于英文期刊，对国内人员参考不甚方便。在同行的鼓励下，作者斗胆撰写本书。国内从事相关研究的学者非常多，且工作做得非常好。本书仅对作者研究的几个问题阐述一些粗浅理解，虽集百家之长，亦为一家之言，仅供参考，不当之处，请一哂置之，敬请批评指正。

作　者

目录

1

第一篇　超临界二氧化碳布雷顿循环动力系统及储能系统简介

构造低碳、高效、灵活、稳定的新型发电系统是构建现代能源体系的重要组成部分。基于超临界二氧化碳（supercritical carbon dioxide，$S\text{-}CO_2$）循环的发电系统具有高参数效率高、全负荷灵活性好及热源适用性广的优点，在高效灵活火电、高参数光热发电、第四代核电和大规模长周期储能、先进航空航天动力等应用领域优势明显，对我国能源转型和国防安全具有重要战略意义。

本篇包含两章，分别介绍超临界二氧化碳布雷顿循环动力系统（以下简称 $S\text{-}CO_2$ 动力系统）与超临界二氧化碳储能系统（以下简称 $S\text{-}CO_2$ 储能系统）。

1）首先，针对 $S\text{-}CO_2$ 动力系统，基于热流系统多尺度分析，介绍 $S\text{-}CO_2$ 动力系统在系统、部件、过程三个层面的共性问题。其次，聚焦 $S\text{-}CO_2$ 动力系统应用极具前景的太阳能热发电、核能热发电和燃煤/燃气发电系统，分析在系统、部件、过程三个层面的特性问题。

2）针对 $S\text{-}CO_2$ 储能系统，对比压缩空气储能系统，讨论 $S\text{-}CO_2$ 储能系统的高效性及高储能密度，分析 $S\text{-}CO_2$ 储能系统在低压储存技术方面的复杂性。进一步，基于 $S\text{-}CO_2$ 储能系统与 $S\text{-}CO_2$ 动力系统的良好一致性，阐述 $S\text{-}CO_2$ 发电与储能系统的集成问题，介绍不同热源背景下的 $S\text{-}CO_2$ 储能一体化系统。

第1章

超临界二氧化碳布雷顿循环动力系统简介

1.1 超临界二氧化碳布雷顿循环动力系统

早在 1960 年，超临界二氧化碳（S-CO$_2$）布雷顿循环动力系统便被认为是核能和太阳能领域潜在的最佳动力转换系统。然而，受制于紧凑式换热器、透平和压缩机加工工艺，S-CO$_2$ 动力系统的研究进入瓶颈期。近年来，随着工业加工水平的发展，美国对该系统进行了再次评估，经过 20 多年的论证，确认 S-CO$_2$ 循环是未来取代水蒸气循环发电的最具发展潜力的新概念发电循环之一[1]。目前围绕 S-CO$_2$ 动力系统已开展了广泛研究，在 2000—2019 年发表的相关论文多达 2724 篇、专利有 1005 项，尤以美国、中国和韩国最多。其中，S-CO$_2$ 动力系统应用热源最广泛的为太阳能（36.49%）、核能（27.30%）和煤炭（14.66%）。

基于热流系统多尺度分析，核能、太阳能和燃煤/燃气电厂中 S-CO$_2$ 发电系统在不同尺度下的共性问题和特性问题如图 1-1 所示。其中，共性问题主要与 S-CO$_2$ 动力系统有关，因

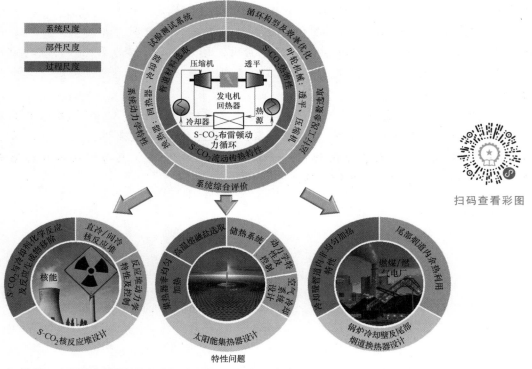

扫码查看彩图

图 1-1 核能、太阳能和燃煤/燃气电厂中 S-CO$_2$ 发电系统在不同尺度下的共性问题和特性问题

此共性问题在不同热源应用背景下均会存在；而特性问题则主要与 S-CO$_2$ 在特定热源应用中加热器的加热过程有关，如 S-CO$_2$ 核反应堆、S-CO$_2$ 太阳能集热器和 S-CO$_2$ 燃煤/燃气锅炉。

1.2 超临界二氧化碳布雷顿循环动力系统在系统层面的共性问题

S-CO$_2$ 循环在系统层面的问题主要集中于热力分析和试验测试。如图 1-1 所示，主要研究内容包括 S-CO$_2$ 循环构型设计和效率优化、循环运行工况参数选取、系统动力学特性研究及样机试验测试。

S-CO$_2$ 动力系统循环构型种类众多[2]，根据回热、再热和间冷的热力学特征可概括为如图 1-2 所示的四种典型的 S-CO$_2$ 循环。其中，与简单的 S-CO$_2$ 布雷顿循环相比，再压缩对循环效率的提升贡献度最大，其次为再热和中间冷却。在此基础上，构建 S-CO$_2$ 复合循环被证明是进一步挖掘动力系统效率潜能的有效方法，其核心在于通过底循环回收 S-CO$_2$ 顶循环内冷却器余热[3]。典型的底循环包括跨临界 CO$_2$ 布雷顿循环、有机朗肯也译作（兰金）循环、卡林那（Kalina）循环和吸收式制冷循环。此外，基于 CO$_2$ 的混合工质与纯 CO$_2$ 相比，可显著提高循环效率[4]。常见的混合工质包括 CO$_2$-C$_3$H$_8$、CO$_2$-C$_6$F$_6$、CO$_2$-TiCl$_4$ 和 CO$_2$-C$_6$F$_{14}$。循环运行工况参数对 S-CO$_2$ 循环效率影响也较大。S-CO$_2$ 循环高效率的关键在于循环最低点参数均位于 CO$_2$ 临界点附近以降低压缩功耗[5]。例如，S-CO$_2$ 再压缩循环中循环最低温度为 31.25℃ 时可达到最高循环效率。

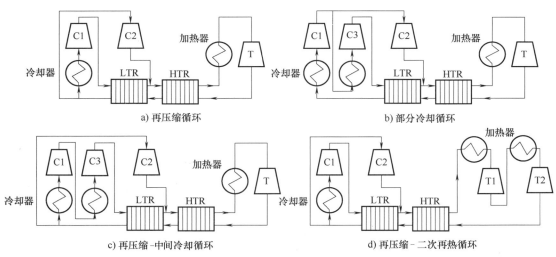

a) 再压缩循环   b) 部分冷却循环   c) 再压缩-中间冷却循环   d) 再压缩-二次再热循环

图 1-2 典型的 S-CO$_2$ 动力循环

LTR—低温回热器   HTR—高温回热器   C—压缩机   T—透平

在实际运行中，系统的动力学特性至关重要。试验样机测试结果发现 S-CO$_2$ 动力系统运行在临界点附近时压缩机会产生较严重的不稳定性[6]。在 S-CO$_2$ 动力系统动态运行控制策略方面，常见的方法为压缩机转速控制、透平/压缩机入口温度控制、透平节流阀控制和透平旁通阀控制。特别地，单一控制策略只能应对特定工况，在实际运行中多策略耦合是较有效的措施[7]。在 S-CO$_2$ 动力系统试验测试方面，美国、日本、韩国走在前列。S-CO$_2$ 动力

4

循环试验台主要参数如表 1-1 所示。目前已建成的试验台循环效率均较低，如桑迪亚国家实验室（Sandia National Laboratories，SNL）的再压缩循环效率仅为 7%，而 Bechtel 公司的简单回热效率仅为 12.5%。这主要是因为目前试验台热负荷均较小（<10 MW），因此其透平和压缩机的效率较低，试验台采用的循环构型也较简单，工况参数也较低。因此，试验系统测试所得 $S\text{-}CO_2$ 循环效率要远小于理论计算结果。

表 1-1 $S\text{-}CO_2$ 动力循环试验台主要参数[8]

国家	研究机构	试验台主要参数
美国	桑迪亚国家实验室(SNL)	再压缩循环:7.69~13.67MPa、32~538℃ 电加热功率:662kW 径流式透平:效率为 84.4%~85% 径流式压缩机:效率为 67.3%~70.2% 转速:75000r·min^{-1} 回热器:印刷电路板式换热器(printed circuit heat exchanger,PCHE)
	Knoll 原子能实验室和 Bettis 原子能实验室	简单回热循环:9.28~16.67MPa,36~299℃ 电加热功率:834.9kW 径流式透平:效率为 79.7%~79.8% 径流式压缩机:效率为 60.8% 转速:74464~75000r·min^{-1}
	Echogen 公司	简单回热循环 热负荷:7~8MW 径流式透平:效率为 80% 离心泵:效率为 75%~86% 转速:30000r·min
	Bechtel 公司	简单回热循环 输出功率:100kW 透平:效率为 79.7%~79.8% 压缩机:效率为 60.8% 转速:75000r·min^{-1}
	美国西南研究院(SwRI)、 通用公司(GE)和美国 气体技术研究院(GTI)	再压缩循环 输出功率:10MW 回热器:PCHE
日本	东京工业大学(TIT)和应用 能源研究院(IAE)	简单回热循环 电加热功率:160kW 径流式透平:效率为 65% 径流式压缩机:效率为 48% 转速:69000r·min^{-1}
韩国	韩国科学技术院(KAIST)	简单回热循环 压缩机:效率为 36.1%~58.6% 压缩机入口参数:7.44~8.29MPa、32.5~39.9℃

（续）

国家	研究机构	试验台主要参数
韩国	韩国能源技术研究院（KIER）	简单回热循环：7.9～13MPa、35.9～180℃ LNG 燃烧加热功率：646.7kW 径流式透平：效率为84% 离心式压缩机：效率为70% 转速：70000r·min^{-1} 回热器：PCHE

1.3 超临界二氧化碳布雷顿循环动力系统在部件层面的共性问题

叶轮机械和换热器是 S-CO$_2$ 动力系统的主要关键部件。叶轮机械包含输出功部件透平和增压部件压缩机，而换热器则主要包含加热器、回热器和冷却器。

S-CO$_2$ 叶轮机械的优势在于它具有高紧凑度。桑迪亚国家实验室搭建的 S-CO$_2$ 再压缩循环试验台中的透平和压缩机叶片如图 1-3 所示，其典型特征为尺寸较小。目前，S-CO$_2$ 压缩机和透平制造技术具有如下 4 个技术难点[9]：①考虑实际气体效应的修正设计方法；②创新气动设计方法以解决较高的摩擦损失和气体泄漏损失；③S-CO$_2$ 叶轮机械内超临界和两相流模拟；④小型实验平台中的测量技术精度较低。S-CO$_2$ 压缩机和透平的工况区别较大，其中 S-CO$_2$ 压缩机的典型特征为工况参数处于临界点附近，工质物性呈现非线性畸变特征，而 S-CO$_2$ 透平工况参数以高温高压为主而远离临界点。因此，压缩机内实际气体效应（real gas effect）较强而透平内较弱。

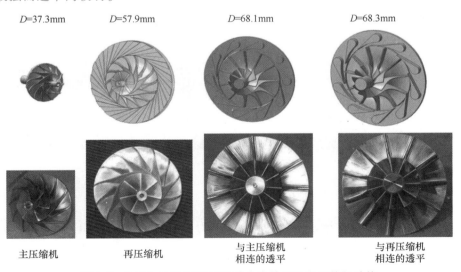

图 1-3 S-CO$_2$ 再压缩循环试验台中的透平和压缩机叶片

作为 S-CO$_2$ 动力系统的关键换热设备，回热器和冷却器备受关注。一般 S-CO$_2$ 循环中回热器、冷却器均采用高效紧凑式换热器，其中印刷电路板式换热器（PCHE）和微型管壳式换热器（micro shell and tube heat exchanger，MSTE）是最常用的两种类型，如图 1-4 所示。

PCHE 常用于回热器，MSTE 则常用作冷却器[8,10,11]。PCHE 通道结构对其热力性能影响较大。相比于直通道结构，丁胞（dimple）结构通道、之字形（zigzag）通道和非连续翅片通道结构均可实现强化传热特性。其中，之字形通道在转折角附近会产生较大的局部流动阻力（以下简称流阻）。相比于之字形通道，翼型翅片通道结构具有更低的流动阻力，仅为前者的 1/20[12]。因此，基于翼型通道发展了多种新型翅片，如剑鱼型翅片、正弦型翅片和开槽翼型翅片。MSTE 主要采用管径仅为 1~2mm 的翅片管。此外，MSTE 热力性能则可通过管束排列几何结构、管道翅片和外部挡板优化进行提升。在换热器设计方面，需充分考虑 S-CO$_2$ 变物性的影响。为此，如图 1-5 所示的逆流布置下 S-CO$_2$ 换热器一维离散模型被广泛应用于 PCHE 和 MSTE 的优化设计。在单个离散换热器单元中，S-CO$_2$ 被视作常物性流体，此时可通过常见的对数平均温差法（logarithmic mean temperature difference，LMTD）和效能传热单元数法（ε-NTU）计算 i 号离散单元换热器内 S-CO$_2$ 参数。同时，夹点温度模型作为一种简化方法也被广泛应用于 S-CO$_2$ 换热器设计[13]。

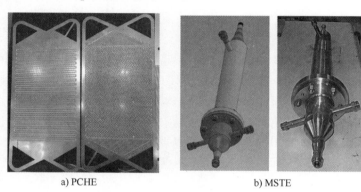

a) PCHE   b) MSTE

图 1-4　高效紧凑的印刷电路板式换热器（PCHE）和微型管壳式换热器（MSTE）

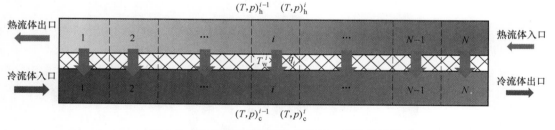

图 1-5　逆流布置下 S-CO$_2$ 换热器一维离散模型

1.4　超临界二氧化碳布雷顿循环动力系统在过程层面的共性问题

S-CO$_2$ 动力系统在过程层面的主要研究内容包含 S-CO$_2$ 热物性、流动传热特性及管道材质选择。其中，S-CO$_2$ 热物性和流动传热特性备受关注。首先，如图 1-6 所示，S-CO$_2$ 物性在临界点附近变化剧烈，因此精确的 S-CO$_2$ 热物性至关重要。在众多物性计算方法中，美国国家标准与技术研究院（National Institute of Standards and Technology，NIST）REFPROP 物性数据库[14] 被广泛证明具有较高精度。超临界流体近临界区的强变物性的表征主要为两种模型：①单相流体模型，即不同物性的超临界流体内无相界面存在，而为物性连续变化的单相流体；②类多相流体模型，即认为超临界流体的强变物性类似于亚临界区内流体在液相和气相状态下的大物性差别。

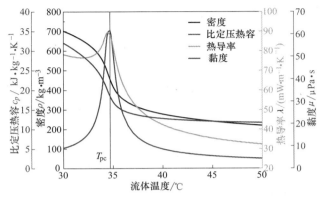

扫码查看彩图

图 1-6　8MPa 时拟临界点温度 T_{pc} 附近 S-CO$_2$ 物性分布[14]

由于超临界流体物性的剧烈变化，超临界流动传热呈现出特殊的现象，可分为以下 3 种：①正常传热（normal heat transfer，NHT），此时超临界流体表面传热系数（对流传热系数）与 Dittus-Boelter 关联式计算所得亚临界下的流体表面传热系数相近；②传热强化（enhanced heat transfer，EHT），相比于 NHT，此时超临界流体表面传热系数大幅增加；③传热恶化（deteriorated heat transfer，DHT），此时超临界流体表面传热系数远小于 NHT 下的表面传热系数。其量化定义式可表示为

$$h \leqslant 0.3 h_{\text{D-B}} \tag{1-1}$$

式中，$h_{\text{D-B}}$ 为 Dittus-Boelter 关联式计算所得表面传热系数。

目前，超临界流体传热的研究多基于单相流体模型。试验方面，试验运行参数对 S-CO$_2$ 传热特性的影响备受关注，如质量流量、热流密度、入口温度、压力、管径和流动方向。特别是，在 q/G（热流密度/质量流速）较小的工况中，常出现 EHT；相反，q/G 较大时易发生 DHT。基于单相流体模型，DHT 的产生多与密度变化引起了较强的浮升力效应（buoyancy effect）相关，其中 Jackson 等[15] 提出的浮升力准则被广泛应用，它的表达式如下：

$$\frac{\overline{Gr_b}}{Re_b^{2.7}} < 10^{-5} \tag{1-2}$$

式中，$\overline{Gr_b}$ 为格拉晓夫数（也作格拉斯霍夫数），$\overline{Gr_b} = (\rho_b - \overline{\rho}) \rho_b g d^3 / \mu_b^2$；$Re_b$ 为雷诺数。

同时，密度变化引起动量方程中对流项较大变化，进一步导致流体径向剪切应力的大幅降低，即热加速效应（flow acceleration），其无量纲准则数为[16]

$$K_v = \frac{4 q_w d}{Re_b^2 \mu_b c_{p,b} T_b} \approx \frac{4 q_w \beta_b}{Re_b G c_{p,b}} = \frac{4 q^+}{Re_b} \tag{1-3}$$

式中，q_w 为壁面热流密度；d 为水力直径；μ_b 为（动力）黏度；$c_{p,b}$ 为比定压热容；β_b 为体积膨胀系数；G 为质量流速。一般情况下，浮升力效应主要与沿管道径向密度变化有关，而热加速效应则主要与沿管道轴向密度变化有关。应用浮升力准则和热加速准则，可将超临界换热试验数据进行分类：浮升力效应导致的 DHT 常出现在小质量流量下，而热加速效应导致的 DHT 则主要集中于大质量流量和大热流工况。然而，目前浮升力准则和热加速准则的应用仍存在较大争议。一方面，借助于先进的试验测量设备，结果表明超临界加热工况下流体速度型线从入口处抛物线型依次转变为圆角矩形、M 型，引起近壁面区域流体湍动能的降低，从而导致 DHT 的出现。另一方面，随着数值模拟技术的进步，部分数值结果[17-21]也印证了速度型线变化导致湍动能降低进而引起 DHT 的结论。至今，文献中基于单相流体模型的湍流场分析法获得了许多不同结论，但关于超临界流体强变物性与传热特性之间影响机制的结论仍只适用于特定工况而无法统一。

近年来，文献中基于类多相流体模型发展了超临界加热工况与亚临界沸腾相比拟的方法，即类沸腾理论（pseudo-boiling theory）[22]。基于类沸腾理论，分析近壁面区域超临界流体的受力状态，可获得无量纲的超临界沸腾数，表达式如下：

$$SBO = \frac{q_w}{Gi_{pc}} \tag{1-4}$$

式中，i_{pc} 为拟临界点处焓值。

为满足实际工程设计需要，超临界传热计算关联式也获得广泛关注。文献中常见的冷却工况下 S-CO$_2$ 冷却传热关联式如表 1-2 所示，加热工况下超临界传热关联式如表 1-3 所示。一般超临界流体传热计算关联式采用分段式，依据拟临界点温度（T_{pc}）、壁面温度（T_w）和流体温度（T_b）把管道横截面按物性变化划分为多个区域，并通过在比热容修正因子中引入指数 n 来揭示加热工况下径向的物性变化，从而提高传热的计算精度。随着对超临界流体传热机制的深入研究，超临界流体传热机理被广泛应用于指导超临界传热关联式的拟合，其中最为关键的是考虑浮升力、热加速效应对超临界流体传热的影响，研究人员引入相应准则式，对传热关联式进行修正。

表 1-2　文献中常见的冷却工况下 S-CO$_2$ 冷却传热关联式[23]

作者	超临界流体冷却传热关联式	应用工况
Pitla 等	$Nu = \frac{Nu_b + Nu_w}{2} \frac{\lambda_w}{\lambda_b}$	不锈钢水平套管逆流布置 d_o/d_i：6.35mm/4.72mm p：8.4～13.4MPa G：1143～2286kg·m^{-2}·s^{-1}
Yoon 等	$Nu_b = c_1 Re_b^{c_2} Pr_b^{c_3} \left(\frac{\rho_{pc}}{\rho_b}\right)^{c_4}$ $\begin{cases} c_1=0.14,\ c_2=0.69,\ c_3=0.66,\ c_4=0,\ 当\ T_b>T_{pc} \\ c_1=0.013,\ c_2=1.0,\ c_3=-0.55,\ c_4=1.6,\ 当\ T_b \leq T_{pc} \end{cases}$	铜制水平套管逆流布置 CO$_2$ 侧内管 d_i：7.73mm 水侧外管 d_o：16mm p：7.5～8.8MPa G：225～450kg·m^{-2}·s^{-1}
Liao 等	$Nu_w = 0.128 Re_w^{0.8} Pr_w^{0.3} \left(\frac{\overline{Gr_b}}{Re_b^2}\right)^{0.205} \left(\frac{\rho_b}{\rho_w}\right)^{0.437} \left(\frac{\overline{c_p}}{c_{p,w}}\right)^{0.411}$ $\overline{Gr_b} = \frac{(\rho_b - \rho_w)\rho_b g d_i^3}{\mu_b^2}$	304 不锈钢水平圆管 d_i：0.5～2.16mm p：7.4～12MPa T_b：20～110℃

（续）

作者	超临界流体冷却传热关联式	应用工况
Dang 等	$$Nu = \frac{(f_f/8)(Re_b - 1000)Pr_{new}}{1.07 + 12.7\sqrt{f_f/8}(Pr_{new}^{2/3} - 1)}$$ $$Pr_{new} = \begin{cases} c_{p,b}\mu_b/\lambda_b, & 当\ c_{p,b} \geqslant \bar{c}_p \\ \bar{c}_p \mu_b/\lambda_b, & 当\ c_{p,b} < \bar{c}_p\ 及\ \mu_b/\lambda_b \geqslant \mu_w/\lambda_w \\ \bar{c}_p \mu_f/\lambda_f, & 当\ c_{p,b} < \bar{c}_p\ 及\ \mu_b/\lambda_b < \mu_w/\lambda_w \end{cases}$$ $T_f = (T_b + T_w)/2$	铜内管-丙烯酸树脂外管的水平套管逆流布置 CO_2 侧内管 d_i:1~6mm 水侧外管 d_o:6~14mm p:8~10MPa G:200~1200kg·m^{-2}·s^{-1} q:6~33kW·m^{-2}
Huai 等	$$Nu = 2.2186 \times 10^{-2} Re^{0.8} Pr^{0.3} \left(\frac{\rho_w}{\rho_b}\right)^{1.4652} \left(\frac{\bar{c}_p}{c_{p,w}}\right)^{0.0832}$$	铝制水平多端口圆通道 d_i:1.31mm p:7.4~8.5MPa G:113.7~418.6kg·m^{-2}·s^{-1} T_b:22~53℃ q:0.8~9kW·m^{-2}
Son 等	$$Nu_b = \begin{cases} Re_b^{0.55} Pr_b^{0.23} \left(\dfrac{c_{p,b}}{c_{p,w}}\right)^{0.15}, & 当\ \dfrac{T_b}{T_{pc}} > 1 \\ Re_b^{0.35} Pr_b^{0.19} \left(\dfrac{\rho_b}{\rho_w}\right)^{-1.6} \left(\dfrac{c_{p,b}}{c_{p,w}}\right)^{-3.4}, & 当\ \dfrac{T_b}{T_{pc}} \leqslant 1 \end{cases}$$	316 不锈钢水平套管逆流布置 d_o/d_i:9.53mm/7.75mm p:7.5~10.0MPa G:200~400kg·m^{-2}·s^{-1} T_b:20~100℃
Bruch 等	竖直向下流动： $$\frac{Nu_b}{Nu_{fc}} = \begin{cases} 1 - 75\left(\dfrac{\overline{Gr_b}}{Re_b^{2.7}}\right)^{0.46}, & 当\ \dfrac{\overline{Gr_b}}{Re_b^{2.7}} < 4.2 \times 10^{-5} \\ 13.5\left(\dfrac{\overline{Gr_b}}{Re_b^{2.7}}\right)^{0.40}, & 当\ \dfrac{\overline{Gr_b}}{Re_b^{2.7}} \geqslant 4.2 \times 10^{-5} \end{cases}$$ 竖直向上流动： $$\frac{Nu_b}{Nu_{fc}} = \left[1.542 + 3243\left(\frac{\overline{Gr_b}}{Re_b^{2.7}}\right)^{0.91}\right]^{1/3}$$ $$Nu_{fc} = 0.0183 Re_b^{0.82} \overline{Pr_b}^{0.5} \left(\frac{\rho_b}{\rho_w}\right)^{-0.3}$$ 式中, $\overline{Gr_b} = \dfrac{(\rho_b - \bar{\rho})\rho_b g d_i^3}{\mu_b^2}$ $$\bar{\rho} = \begin{cases} \dfrac{\rho_w + \rho_b}{2}, & 当\ T_w > T_{pc}\ 或\ T_b < T_{pc} \\ \dfrac{|\rho_w(T_{pc} - T_w) + \rho_b(T_b - T_{pc})|}{T_b - T_w}, & 当\ T_w < T_{pc} < T_b \end{cases}$$	铜制竖直 U 形套管 d_i:6mm p:7.5~12MPa G:50~590kg·m^{-2}·s^{-1} T_b:15~70℃
Oh 等	$$Nu_b = \begin{cases} 0.023 Re_b^{0.7} Pr_b^{2.5} \left(\dfrac{c_{p,b}}{c_{p,w}}\right)^{-3.5}, & 当\ T_b/T_{pc} > 1 \\ 0.023 Re_b^{0.6} Pr_b^{3.2} \left(\dfrac{\rho_b}{\rho_w}\right)^{3.7} \left(\dfrac{c_{p,b}}{c_{p,w}}\right)^{-4.6}, & 当\ T_b/T_{pc} \leqslant 1 \end{cases}$$	316 不锈钢水平圆管 d_o/d_i:6.35mm/4.55mm,9.53mm/7.55mm p:7.5~10.0MPa G:200~600kg·m^{-2}·s^{-1}

（续）

作者	超临界流体冷却传热关联式	应用工况
Fang 等	$$Nu = \frac{(f_{new}/8)(Re_b - 20Re_b^{0.5})\overline{Pr}}{1 + 12.7\sqrt{f_{new}/8}(\overline{Pr}^{2/3}-1)}\left(1 + 0.001\frac{q}{G}\right)$$ $$f_{new} = f_{noniso} - 1.36\left(\frac{\mu_w}{\mu_b}\right)^{-1.92} f_{ac}$$ $$f_{noniso} = f_{iso}\left(\frac{\mu_w}{\mu_b}\right)^{0.49(\rho_f/\rho_{pc})^{1.31}}$$ $$f_{ac} = \frac{d_i}{\Delta L}(\rho_{b,out}+\rho_{b,in})\left(\frac{1}{\rho_{b,out}}-\frac{1}{\rho_{b,in}}\right)$$ $$f_{iso} = 1.613\left\{\ln\left[0.234\left(\frac{\varepsilon_r}{d_i}\right)^{1.1007}-\frac{60.525}{Re_b^{1.1105}}+\frac{56.291}{Re_b^{1.0712}}\right]\right\}^{-2}$$	文献中提取的 297 个 S-CO$_2$ 冷却数据点 ε_r：壁面粗糙度（mm）
Liu 等	$$Nu_w = 0.01Re_w^{0.9}Pr_w^{0.5}\left(\frac{\rho_w}{\rho_b}\right)^{0.906}\left(\frac{c_{p,w}}{c_{p,b}}\right)^{0.585}$$	铜制水平套管逆流布置 d_i：$4\sim10.7$mm p：$7.5\sim8.5$MPa
Chu 等	$$\frac{Nu_b}{Nu_{fc}} = \begin{cases} 0.58-53\left(\dfrac{\overline{Gr_b}}{Re_b^{2.7}}\right)^{0.36}, & 当\ T_w \approx T_{pc} \\ 0.36-22\left(\dfrac{\overline{Gr_b}}{Re_b^{2.7}}\right)^{0.42}, & 当\ T_w > T_{pc} \end{cases}$$	304 不锈钢 PCHE 半圆形通道 d_i：1.4mm p：$8\sim11$MPa
Wang 等	$$Nu_b = 0.022986Re_b^{0.85665}Pr_b^{0.26322}\left(\frac{\rho_b}{\rho_w}\right)^{0.04988}\left(\frac{\overline{c_p}}{c_{p,w}}\right)^{-0.2174}$$	铜制螺旋上升圆管 d_o/d_i：6mm/4mm p：$8\sim9$MPa G：$159.0\sim318.2$kg·m^{-2}·s^{-1}
Wang 等	$$Nu_f = 1.2838\frac{(f_f/8)(Re_b-1000)Pr_f}{1.07+12.7\sqrt{f_f/8}(Pr_f^{2/3}-1)}\left(\frac{\rho_w}{\rho_b}\right)^{-0.1458}$$ $$Pr_f = \frac{\overline{c_p}\mu_f}{\lambda_f}$$ $$Nu_f = \frac{hd}{\lambda_f}$$	水平圆管数值计算 d_i：15.75mm，20mm，24.36mm p：$8\sim10$MPa G：$200\sim800$kg·m^{-2}·s^{-1} q：$5\sim36$kW·m^{-2}
Fan 等	$$Nu_b = 0.0222Re_b^{0.971}Pr_b^{0.469}We_b^{0.0562}Bo_b^{0.0565}\left(\frac{\overline{c_p}}{c_{p,b}}\right)^{0.455}$$ $$We_b = \left(\frac{q_w}{Gi_w}\right)^2\frac{\rho_b}{\rho_w}$$ $$Bo_b = \frac{Gr_b}{Re_b^{2.7}}$$	S-CO$_2$ 冷却工况 p：$7.47\sim9.0$MPa G：$159\sim1600$kg·m^{-2}·s^{-1} q：$6\sim267.67$kW·m^{-2}

表 1-3　加热工况下超临界传热关联式[24]

作者	超临界传热关联式	应用工况
Kransoshchekov 等	$$Nu_b = Nu_{P-K}\left(\frac{\mu_b}{\mu_w}\right)^{0.11}\left(\frac{\lambda_b}{\lambda_w}\right)^{-0.33}\left(\frac{\overline{c_p}}{c_{p,b}}\right)^{0.35}$$	p：$22.3\sim32$MPa（水） p：8.3MPa（CO$_2$）

作者	超临界传热关联式	应用工况
Kransoshchekov 和 Protopopov	$Nu_b = Nu_{P-K} \left(\dfrac{\rho_w}{\rho_b} \right)^{0.3} \left(\dfrac{\overline{c_p}}{c_{p,b}} \right)^n \left[0.95 + 0.95 \left(\dfrac{x}{d_i} \right)^{0.8} \right]$ $n = \begin{cases} 0.4, & \text{当 } \dfrac{T_w}{T_{pc}} \leq 1 \text{ 或 } \dfrac{T_b}{T_{pc}} \geq 1.2 \\ 0.22 + 0.18 \dfrac{T_w}{T_{pc}}, & \text{当 } 1 < \dfrac{T_w}{T_{pc}} \leq 2.5 \\ 0.22 + 0.18 \dfrac{T_w}{T_{pc}} + 5 \left(0.02 + 0.18 \dfrac{T_w}{T_{pc}} \right) \left(1 - \dfrac{T_b}{T_{pc}} \right), & \text{当 } 1 \leq \dfrac{T_b}{T_{pc}} < 1.2 \end{cases}$	超临界水：$8 \times 10^4 < Re_b < 5 \times 10^5$ $0.85 < Pr_b < 65$ $0.09 < \rho_w / \rho_b < 1.0$ $0.0 < T_w / T_{pc} < 2.5$ $q: 46 \sim 2600 kW \cdot m^{-2}$ $x/d_i > 15$
Bishop 等	$Nu_b = 0.0069 Re_b^{0.9} \overline{Pr_b}^{0.66} \left(\dfrac{\rho_w}{\rho_b} \right)^{0.43} \left(1 + 2.4 \dfrac{d_i}{x} \right)$	超临界水：$G: 651 \sim 3662 kg \cdot m^{-2} \cdot s^{-1}$ $q: 310 \sim 3460 kW \cdot m^{-2}$ $d_i: 2.54 \sim 5.08 mm$ $p: 22.8 \sim 27.6 MPa$
Jackson 和 Hall	$Nu_b = 0.0183 Re_b^{0.82} Pr_b^{0.5} \left(\dfrac{\rho_w}{\rho_b} \right)^{0.3} \left(\dfrac{\overline{c_p}}{c_{p,b}} \right)^n$ $n = \begin{cases} 0.4, & \text{当 } \dfrac{T_w}{T_{pc}} \leq 1 \text{ 或 } \dfrac{T_b}{T_{pc}} \geq 1.2 \\ 0.4 + 0.2 \left(\dfrac{T_w}{T_{pc}} - 1 \right), & \text{当 } T_b \leq T_{pc} < T_w \\ 0.4 + 0.2 \left(\dfrac{T_w}{T_{pc}} - 1 \right) \left[1 - 5 \left(\dfrac{T_b}{T_{pc}} - 1 \right) \right], & \text{当 } 1 \leq \dfrac{T_b}{T_{pc}} < 1.2 \end{cases}$	超临界水
Yamagata 等	$Nu_b = 0.0135 Re_b^{0.85} Pr_b^{0.8} F_c$ $F_c = \begin{cases} 1.0, & \text{当 } Ec > 1 \\ 0.67 Pr_{pc}^{-0.05} \left(\dfrac{\overline{c_p}}{c_{p,b}} \right)^{\left[-0.77 \left(1 + \frac{1}{Pr_{pc}} \right) + 1.49 \right]}, & \text{当 } 0 \leq Ec \leq 1 \\ \left(\dfrac{\overline{c_p}}{c_{p,b}} \right)^{\left[1.44 \left(1 + \frac{1}{Pr_{pc}} \right) - 0.53 \right]}, & \text{当 } Ec < 0 \end{cases}$ $Ec = \dfrac{T_{pc} - T_b}{T_w - T_b}$	超临界水
Griem	$Nu_b = 0.0169 Re_b^{0.8356} Pr_b^{0.432} F_c$ $F_c = \begin{cases} 0.82, & \text{当 } i_b < 1540 kJ/kg \\ 9 \times 10^{-4} i_b - 0.566, & \text{当 } 1540 kJ/kg \leq i_b < 1740 kJ/kg \\ 1.0, & \text{当 } i_b \geq 1740 kJ/kg \end{cases}$	超临界水：$G: 300 \sim 2500 kg \cdot m^{-2} \cdot s^{-1}$ $q: 200 \sim 700 kW \cdot m^{-2}$ $d_i: 10 \sim 20 mm$ $p: 22 \sim 27 MPa$

（续）

作者	超临界传热关联式	应用工况
Bringer 和 Smith	$Nu_x = cRe_x^{0.77}Pr_w^{0.55}$，$Re_x$ 计算中定性温度为 T_x：$$T_x = \begin{cases} T_b, & \text{当 } \dfrac{T_{pc}-T_b}{T_w-T_b}<0 \\ T_{pc}, & \text{当 } 0<\dfrac{T_{pc}-T_b}{T_w-T_b}<1 \\ T_w, & \text{当 } \dfrac{T_{pc}-T_b}{T_w-T_b}>1 \end{cases}$$	超临界水：$c=0.0266$ S-CO$_2$：$c=0.0375$
Swenson 等	$Nu_w = 0.00459Re_w^{0.923}\overline{Pr_w}^{0.613}\left(\dfrac{\rho_w}{\rho_b}\right)^{0.231}$	超临界水：G：$542\sim2150\text{kg}\cdot\text{m}^{-2}\cdot\text{s}^{-1}$ d_i：9.4mm p：$22.8\sim41.4\text{MPa}$
Liao 和 Zhao	竖直向上流动：$$Nu_b = Nu_{D-B}\times15.37\times\left(\dfrac{\overline{Gr_b}}{Re_b^{2.7}}\right)^{0.157}\left(\dfrac{\rho_w}{\rho_b}\right)^{1.297}\left(\dfrac{\overline{c_p}}{c_{p,b}}\right)^{0.296}$$ 竖直向下流动：$$Nu_b = Nu_{D-B}\times27.94\times\left(\dfrac{\overline{Gr_b}}{Re_b^{2.7}}\right)^{0.186}\left(\dfrac{\rho_w}{\rho_b}\right)^{2.154}\left(\dfrac{\overline{c_p}}{c_{p,b}}\right)^{0.751}$$	S-CO$_2$：$10^4<Re_b<2\times10^5$ $0.9<Pr_b<10$ d_i：$0.7\sim2.16\text{mm}$ p：$7.4\sim12\text{MPa}$
Watts 和 Chou	$Nu_b = 0.021Re_b^{0.8}\overline{Pr_b}^{0.55}\left(\dfrac{\rho_w}{\rho_b}\right)^{0.35}F(Bu)$ NHT：$$F(Bu) = \begin{cases} (1-3000Bu)^{0.295}, & \text{当 } Bu<10^{-4} \\ (7000Bu)^{0.295}, & \text{当 } Bu\geq10^{-4} \end{cases}$$ DHT：$$F(Bu) = \begin{cases} (1.27-19500Bu)^{0.295}, & \text{当 } Bu<4.5\times10^{-5} \\ (2600Bu)^{0.295}, & \text{当 } Bu>4.5\times10^{-5} \end{cases}$$ $$Bu = \dfrac{\overline{Gr_b}}{Re_b^{2.7}Pr_b^{0.5}}$$	超临界水：G：$106\sim1060\text{kg}\cdot\text{m}^{-2}\cdot\text{s}^{-1}$ q：$175\sim440\text{kW}\cdot\text{m}^{-2}$ d_i：$25\sim32.2\text{mm}$ p：25MPa
Bae 等	$Nu_b = 0.021Re_b^{0.8}\overline{Pr_b}^{0.55}\left(\dfrac{\rho_w}{\rho_b}\right)^{0.35}F(Bu)$ $$F(Bu) = \begin{cases} (1+1.0\times10^8Bu)^{-0.032}, & \text{当 } 5.0\times10^{-8}<Bu<7.0\times10^{-7} \\ 0.00185Bu^{-0.4365}, & \text{当 } 7.0\times10^{-7}\leq Bu<1.0\times10^{-6} \\ 0.75, & \text{当 } 1.0\times10^{-6}\leq Bu<1.0\times10^{-5} \\ 0.0119Bu^{-0.36}, & \text{当 } 1.0\times10^{-5}<Bu<3.0\times10^{-5} \\ 32.4Bu^{0.40}, & \text{当 } 3.0\times10^{-5}\leq Bu<1.0\times10^{-4} \end{cases}$$	S-CO$_2$：G：$400\sim1200\text{kg}\cdot\text{m}^{-2}\cdot\text{s}^{-1}$ d_i：$4.4\sim9\text{mm}$

作者	超临界传热关联式	应用工况
Bae 等	$Nu_b = 0.021Re_b^{0.8}\overline{Pr_b}^{0.55}\left(\dfrac{\rho_w}{\rho_b}\right)^{0.35}F(Bu)$ 竖直向上流动: $F(Bu)=\begin{cases}(1-8000Bu)^{0.5}, & \text{当 } Bu<1.0\times10^{-4}\\15Bu^{0.38}, & \text{当 } Bu\geqslant1.0\times10^{-4}\end{cases}$ 竖直向下流动: $F(Bu)=(1+30000Bu)^{0.3}$	S-CO$_2$: G:100~800kg·m^{-2}·s^{-1} q:15~120kW·m^{-2} d_i:4.57mm
Gupta 等	$Nu_b = 0.01Re_b^{0.89}\overline{Pr_b}^{-0.14}\left(\dfrac{\rho_w}{\rho_b}\right)^{0.93}\left(\dfrac{\lambda_w}{\lambda_b}\right)^{0.22}\left(\dfrac{\mu_w}{\mu_b}\right)^{-1.13}$	S-CO$_2$: G:706~3169kg·m^{-2}·s^{-1} q:9.3~616.6kW·m^{-2} p:7.57~8.8MPa
Mokry 等	$Nu_b = 0.0061Re_b^{0.904}\overline{Pr_b}^{0.684}\left(\dfrac{\rho_w}{\rho_b}\right)^{0.564}$	超临界水: G:250~1550kg·m^{-2}·s^{-1} q:70~1250kW·m^{-2} d_i:5~38.1mm p:22.6~29.4MPa
Li 等	竖直向上流动: $Nu_b = Nu_J\left[1-Bo^{0.1}\left(\dfrac{\overline{c_p}}{c_{p,b}}\right)^{-0.009}\left(\dfrac{\rho_w}{\rho_b}\right)^{0.35}\left(\dfrac{Nu_b}{Nu_J}\right)^{-2}\right]^{0.46}$ 竖直向下流动: $Nu_b = Nu_J\left[1+Bo^{0.1}\left(\dfrac{\overline{c_p}}{c_{p,b}}\right)^{-0.3}\left(\dfrac{\rho_w}{\rho_b}\right)^{0.5}\left(\dfrac{Nu_b}{Nu_J}\right)^{-2}\right]^{0.46}$ $Nu_J = 0.0183Re_b^{0.82}Pr_b^{0.5}\left(\dfrac{\rho_w}{\rho_b}\right)^{0.3}\left(\dfrac{\overline{c_p}}{c_{p,b}}\right)^n$	S-CO$_2$: $3800<Re_b<2\times10^4$ d_i:2mm p:1.8~9.5MPa
D.E.Kim 和 M.H.Kim	$Nu_b = 2.0514Re_b^{0.928}Pr_b^{0.742}\left(\dfrac{\rho_w}{\rho_b}\right)^{1.305}\left(\dfrac{\mu_w}{\mu_b}\right)^{-0.669}\left(\dfrac{\overline{c_p}}{c_{p,b}}\right)^{0.888}(q^+)^{0.792}$	S-CO$_2$: G:208~874kg·m^{-2}·s^{-1} q:38~234kW·m^{-2} d_i:4.5mm p:7.46~10.26MPa
Cheng 等	$Nu_b = 0.023Re_b^{0.8}Pr_b^{0.33}F(\pi_A)$ $F(\pi)=\min(F_1,F_2)$ $F_1 = 0.85+0.776(\pi_A\times10^3)^{2.4}$ $F_2 = \dfrac{0.48}{(\pi_{A,pc}\times10^3)^{1.55}}+1.21\left(1-\dfrac{\pi_A}{\pi_{A,pc}}\right)$ $\pi_A = \dfrac{\beta_b}{c_{p,b}}\dfrac{q}{G}$	超临界水: G:700~3500kg·m^{-2}·s^{-1} q:300~2000kW·m^{-2} d_i:10~20mm p:22.5~25MPa

（续）

作者	超临界传热关联式	应用工况
Zhao 等	$Nu_b = 0.023 Re_b^{0.8} Pr_b^{0.33} F(\pi_B)$ $F(\pi) = \min(F_1, F_2),\ F_1 = 0.62 + 0.06\ln(\pi_B)$ $F_2 = 11.46[\ln(\pi_B)]^{-1.74},\ \pi_B = \dfrac{\beta_b qd}{\lambda_b}$	超临界水: $G: 450 \sim 1500 kg \cdot m^{-2} \cdot s^{-1}$ $q: 190 \sim 1400 kW \cdot m^{-2}$
Fan 等	$Nu = 0.0061 Re_b^{0.904} \overline{Pr_b^{0.684}} \left(\dfrac{\rho_w}{\rho_b}\right)^{0.564} \left(\dfrac{\mu_w}{\mu_b}\right)^{-0.184}$	S-CO$_2$ 加热工况: $d_i: 8 \sim 38 mm$ $p: 7.72 \sim 21.01 MPa$ $G: 503.9 \sim 3059 kg \cdot m^{-2} \cdot s^{-1}$ $q: 76.6 \sim 537 kW \cdot m^{-2}$

1.5 超临界二氧化碳布雷顿循环应用于不同热源的特性问题

1.5.1 聚光太阳能热发电中的特性问题分析

第三代聚光太阳能热发电技术运行温度均高于 700℃，因此 S-CO$_2$ 动力系统极富应用前景[25]。然而，一方面太阳能具有日间/季节性波动特征，另一方面光热电站常位于沙漠、戈壁、荒漠等严重缺水地区，因此 S-CO$_2$ 光热发电系统需考虑三方面内容：①储热模块设计及系统动态控制；②空冷系统设计；③集热器设计。

在系统层面，S-CO$_2$ 光热发电系统的储热模块依据储热介质可大致分为熔融盐储热、颗粒储热两类。首先，由于 S-CO$_2$ 动力系统吸热区间较窄，基于熔融盐与颗粒显热储热方式的储热量有待进一步提升[26]。其次，太阳能的日间/季节性波动特征及天气变化对 S-CO$_2$ 光热发电系统也具有显著影响。最后，由于光热发电系统常位于沙漠、戈壁、荒漠（"沙、戈、荒"）等缺水地区，使得 S-CO$_2$ 光热发电系统需以空冷散热为主，然而"沙、戈、荒"地区的季节性高温则导致 S-CO$_2$ 光热发电系统在散热端因空冷塔终冷温度升高引发较强的系统效率惩罚效应[27]。

在部件层面，直接式吸热器设计是 S-CO$_2$ 光热发电系统研究中的关键。直接式 S-CO$_2$ 吸热器呈现光-热-力的强耦合特征，即需考虑太阳能辐射热流密度的非均匀分布特征及吸热器内 S-CO$_2$ 热力特性。美国国家可再生能源实验室（National Renewable Energy Laboratory，NREL）开发了太阳能光学系统模拟和分析的开源性软件工具包 SolTrace，可用于吸热器光热辐射能流密度分析[28]。我国西安交通大学基于蒙特卡罗光线追踪法与有限体积法构建了槽式 S-CO$_2$ 太阳能吸热器光热力耦合模型[25]。

在过程层面，吸热器内 S-CO$_2$ 流动传热特性及储热熔融盐选取是研究关键。吸热器内 S-CO$_2$ 流动传热特性分析需充分考虑光热辐射的非均匀能流边界条件；高温高压工况下 S-CO$_2$ 物性仍具有较强的变化，由此引发的浮升力效应和热加速效应，对 S-CO$_2$ 流动传热特性影响显著[29]。S-CO$_2$ 光热发电系统储热熔融盐的选取需考虑较高运行温度（>600℃）的影响，而传统的太阳能熔融盐（质量分数，60% NaNO$_3$ + 40% KNO$_3$）最高运行温度仅为

565℃，因此亟须开发运行温度高、价格低廉的熔融盐。

1.5.2 核能热发电中的特性问题分析

第四代核反应堆的运行温度设置为 500～900℃，因此高效紧凑的 S-CO$_2$ 动力系统被认为极富应用前景。核反应堆的运行安全是首要问题，因此 S-CO$_2$ 核能发电系统在系统、部件、过程层面的问题分别为系统安全性评价、反应堆 S-CO$_2$ 换热器设计、泄漏失压事故中 S-CO$_2$ 热质传递问题。

在系统层面，S-CO$_2$ 核能发电系统根据加热方式可分为直接式和间接式两种。其中，关于间接式 S-CO$_2$ 核反应堆的研究相对较多，如钠冷反应堆、铅冷反应堆、聚变反应堆和小型模块化反应堆等。同时，直接式和间接式 S-CO$_2$ 核反应堆的动力学特征及动态控制策略也存在较大差别。

在部件层面，直接式 S-CO$_2$ 核反应堆的加热器由于 S-CO$_2$ 表面传热系数较低，为防止冷却管道热失效，需大幅提升冷却管内 S-CO$_2$ 流量，进而导致系统较大压降。因此，如何在保证有效换热面积的前提下大幅降低 S-CO$_2$ 压降是直接式 S-CO$_2$ 核反应堆设计的关键。间接式 S-CO$_2$ 核反应堆则一般采用 PCHE 作为中间换热器。

在过程层面，直接式 S-CO$_2$ 核反应堆在泄漏失压工况下 S-CO$_2$ 的热质扩散问题有待分析。在泄漏失压工况下间接式 S-CO$_2$ 核反应堆不仅存在 S-CO$_2$ 的热质传递问题，还有 S-CO$_2$ 与冷却剂的化学反应过程。

1.5.3 燃煤/燃气发电系统中的特性问题分析

基于水蒸气朗肯循环的燃煤/燃气发电系统因管材问题难以进一步提升效率，因此高效紧凑的 S-CO$_2$ 发电系统被认为是未来取代水蒸气朗肯循环的变革性技术。

在系统层面，S-CO$_2$ 发电系统的设计难题在于如何充分利用烟气全温区的能量。以燃煤锅炉为例，烟气最高温度约为 1500℃，而排烟温度为 110℃，但 S-CO$_2$ 燃煤/燃气发电系统在锅炉入口温度高达 450℃，难以充分利用尾部烟气中的低温余热。为此，研究人员相继研究了基于 S-CO$_2$ 分流的烟气冷却器法[13] 和基于复合循环构造的 S-CO$_2$ 顶底循环[30]，其中 S-CO$_2$ 顶底复合循环效率较高。

在部件层面，高效、安全的 S-CO$_2$ 燃煤/燃气锅炉设计是研究重点。首先，S-CO$_2$ 动力系统因吸热区间较窄导致系统流量大幅增加，进而引发系统效率惩罚效应。为此，我国华北电力大学提出了"1/8 减阻原理"以降低锅炉冷却壁内压降[31]。其次，S-CO$_2$ 锅炉入口温度高、表面传热系数低易导致锅炉冷却壁高温爆管。为此，新型冷却壁设计准则及烟气再循环技术的研究备受关注。

在过程层面，主要聚焦于冷却壁内 S-CO$_2$ 的流动传热特性，它的运行工况的典型特征是：炉膛燃烧热流密度高、冷却壁管壁非均匀能流分布、管径大与质量流量大。鉴于 S-CO$_2$ 表面传热系数较低，如何保证 S-CO$_2$ 冷却壁管道热安全性是研究重点[32]。

第2章

超临界二氧化碳储能系统简介

2.1 大规模长时储能技术

　　随着全球温室效应及可持续发展问题日益突出，碳达峰、碳中和成为解决资源环境约束问题的必然选择，而大力发展可再生能源已成为解决我国能源和环境问题的主要手段。截至2022年年底，我国风电和太阳能发电装机容量分别达到3.65亿kW和3.93亿kW，共占全国电力装机容量的29.5%。然而，风电和太阳能发电具有波动性、间歇性和不确定性等因素，直接大规模并网会导致电网系统发用电平衡失调、电网稳定性降低、调度运行困难等诸多问题，并造成巨大能源浪费。而储能系统能够灵活储存多余电力，并能够在用电高峰期输送电力，是实现可再生能源大规模并网的重要手段。因此，开发大规模、长时储能技术是实现可再生能源大规模并网，"构建以新能源为主体的新型电力系统"的重中之重。

　　目前，抽水蓄能和压缩空气储能作为大规模储能技术被广泛研究和应用。抽水蓄能（pumped hydroelectric energy storage，PHES）电站利用电网复合低谷时的剩余电力将水抽至水库储存，在用电高峰时放水发电。截至2022年年底，我国抽水蓄能装机容量为46.1GW。然而，储水地点的地理条件限制导致该储能技术发展受限。而压缩空气储能（compressed air energy storage，CAES）应用场景更广，被视为具有巨大发展潜力。CAES系统利用剩余电力将空气压缩，高压空气被储存在地下洞穴中，而当有用电需求时，高压空气被加热后进入透平膨胀做功，透平驱动发电机输出电力。为减少CAES系统中化石燃料的使用，进一步采用热能储存（thermal energy storage，TES）技术，该技术将压缩机产生的压缩热储存于储热设备中，在释能过程中使用储存的热量加热空气，提高透平的输出功率[33]。随后，一种不使用任何化石燃料的改进的CAES系统被提出，称为先进绝热压缩空气储能系统（advanced adiabatic compressed air energy storage，AA-CAES）[34]。AA-CAES项目系统运行流程如图2-1所示。此外，具有更高储能密度的液态空气储能（liquid air energy storage，LAES）系统也被提出[35]。

　　现有压缩空气储能技术正处于快速工业化应用阶段，如以美国为代表的等温压缩空气储能、以英国为代表的液态空气储能、以中国为代表的先进蓄热式压缩空气储能和先进超临界

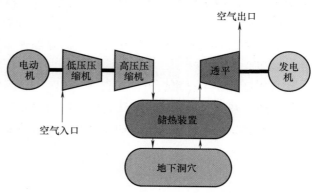

图2-1　AA-CAES项目系统运行流程[34]

压缩空气储能技术等。截至 2022 年年底，我国压缩空气储能装机容量占比约为 2.0%。

然而，压缩空气储能技术储能密度低，需要大型洞穴储存，因而受到地理条件限制。此外，AA-CAES 系统中空气吸收压缩热，储热装置温度高，导致保温成本高，并且它的储热时长受到储罐隔热能力限制。因此，压缩空气储能技术仍需进一步提升。

2.2 超临界二氧化碳储能技术

近年来，基于二氧化碳的各类热力循环系统因具有设备紧凑、成本低、安全无毒、低腐蚀性等优势受到国内外广泛关注。当储能系统工质被 CO_2 代替后，形成的 CO_2 储能系统具有更良好的性能。CO_2 储能系统流程图如图 2-2 所示。利用剩余电力，通过压缩机将低压 CO_2 加压送至高压储罐存储。在需要用电时，释放高压储罐中的 CO_2，通过透平做功，并驱动发电机输出电力。

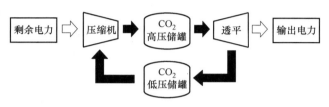

图 2-2 CO_2 储能系统流程图

CO_2 储能技术优势在于 CO_2 工质易液化，储能密度高，储罐体积小，不受地理条件限制；CO_2 储能系统设备紧凑，节省压缩泵功；CO_2 具有合适的临界温度，储能温度接近常温（约为 30℃），储存机制简单，储能方式为储压（7~30MPa），储罐承压时长理论上为无限长。CAES 储能与 CO_2 储能技术对比如表 2-1 所示。

表 2-1 CAES 储能与 CO_2 储能技术对比

CAES 储能	CO_2 储能
空气储能密度低，需要大型洞穴存储，受到地理条件限制	CO_2 易液化，储能密度高，储罐体积小，不受地理条件限制
CAES 系统使用常规设备	CO_2 储能系统设备紧凑，节省压缩泵功
空气吸收压缩热，储能温度高，保温成本高	CO_2 具有合适的临界温度，储能温度接近常温（约 30℃），储存机制简单
需要储存压缩热，储热时长与隔热能力有关	储能方式为储压（7~30MPa），储罐承压时长理论上为无限长

CO_2 储能技术由于工质物性优良、环境友好及可整合可再生能源等优点，被视为实现电力系统脱碳的重要方案。该技术不仅可以用于储存电网中的剩余电力，而且能够与其他储能系统一样储存可再生能源产生的电力。

储能系统通常用于"削峰填谷"。然而，这并不意味着储能系统的输出不存在任何波动。与传统化石燃料电厂不同，以可再生能源为基础的发电设备为储能系统带来了巨大波动性和间歇性。当可再生能源与压缩 CO_2 储能系统集成时，储能系统运行受制于可再生能源的不确定性。

在工程实际应用中，可再生能源已经被广泛集成到基于 CO_2 的储能和发电系统中。例如，Sunshot Initiative 项目[36,37]、美国的超临界改造电力项目（the supercritical transformational electric power project，STEP）[38,39]、欧盟的 SOLARSCO2OL 项目[40]和中国的 10MW 超临界 CO_2 发电系统[41]，均把太阳能集成到基于 CO_2 的发电或储能系统中。

上述工业项目中已经考虑了可再生能源（如太阳能）的不确定性对动力系统运行的影响。即便在一些基于传统能源的 CO_2 储能项目中（如意大利的 Energy Dome 项目[42]和中国的嵌入飞轮的 CO_2 储能系统[43]），由于电网中过剩电力的自然波动，储能系统运行也会受到不断变化的输入电力影响。

目前，针对 CO_2 储能的研究主要集中在稳态系统往返效率、储能密度等性能参数分析。由于 CO_2 储能技术仍处于初步发展阶段，一些现有的 CO_2 发电和其他相关技术均可作为参考，如 CO_2 发电与储能、燃煤燃气 S-CO_2 布雷顿循环、基于太阳能的 S-CO_2 布雷顿循环、S-CO_2 循环和部件层面的相关研究等。

此外，针对 CO_2 储能系统非设计工况下的瞬态问题的研究可以分为动态建模和非设计工况性能研究两方面[44]。在动态建模方面，针对 CO_2 储能系统的动态建模研究聚焦于建立基于热力学第一和第二定律的系统模型及试验研究。在非设计工况性能研究方面，环境温度变化、熔融盐温度和流速变化、热源质量流速、热源温度、换热器温度和质量流速比值等对系统性能的影响也十分重要。

超临界二氧化碳储能是一种特殊的 CO_2 储能技术，该系统中 CO_2 最低压力大于其临界压力 7.38MPa。S-CO_2 储能系统优势在于超临界态的 CO_2 能够降低压缩泵功、提升设备紧凑性、提高储能密度等。S-CO_2 储能技术处于初步发展阶段，中国科学院工程热物理研究所提出了基于水蓄热的超临界压缩二氧化碳储能系统[45]，西安交通大学提出了基于布雷顿循环的 S-CO_2 的储能系统[46]等。

基于布雷顿循环的 S-CO_2 储能最大优势在于它能够与各类 S-CO_2 热力循环集成，如 S-CO_2 燃煤发电循环、与 S-CO_2 相结合的熔融盐塔式太阳能发电循环等。因此，S-CO_2 储能系统能够与传统化石能源和可再生能源发电系统集成，发展更高效、清洁、灵活的新型发电和储能一体化系统。

2.3　多热源集成的超临界二氧化碳发电和储能一体化系统

S-CO_2 储能系统具有优良的动态运行性能，而 S-CO_2 布雷顿循环动力系统能够与不同热源集成。因此，S-CO_2 发电和储能的集成有助于构建能够灵活耦合可再生能源的新型能源系统。S-CO_2 布雷顿循环常常与太阳能、核能、煤炭等热源集成。

S-CO_2 布雷顿循环与太阳能的集成能够构建太阳能热发电系统。常用的太阳能热发电系统有塔式系统、槽式系统、线性菲涅尔系统和碟式系统，如图 2-3[47]所示。而基于太阳能的 S-CO_2 发电系统面临的主要问题包括太阳能辐射变化问题和太阳能吸热器设计问题。针对太阳能辐射变化问题，除进行系统动态性能和控制策略研究外，还提出了增加储能保证系统稳定输出的方法；针对太阳能吸热器设计问题，主要采用间歇式吸热方法，即使用中间介质吸收太阳能热量而后，通过换热器将吸收的热量传递给发电循环工质。目前广泛采用的中间介质为硝酸盐（60% $NaNO_3$ 与 40% KNO_3），它的最高温度可达 565℃[26]。而其他中间介质如卤化盐、混合熔融盐等也被广泛研究。因此，一种新型与再压缩 S-CO_2 布雷顿循环相结合的熔融盐塔式太阳能发电系统被提出[48]。此外,太阳能吸热器也可采用直接式吸热方法,不需要中间介质直接加热循环工质[49]。

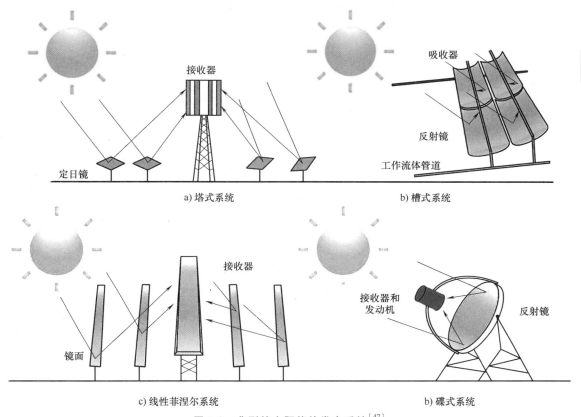

图 2-3 典型的太阳能热发电系统[47]

S-CO_2 布雷顿循环与核能的集成发电系统分为直接吸热式和间接吸热式,直接吸热式发电系统采用 S-CO_2 吸收辐射热量,而间接吸热式发电系统可采用钠冷堆、铅冷堆等进行热量交换。

S-CO_2 布雷顿循环与煤炭的集成发电系统需要考虑燃煤锅炉烟气全温区能量吸收,设计高效安全的 S-CO_2 燃煤锅炉等[8]。

上述集成多种热源的 S-CO_2 发电系统各有优劣。S-CO_2 太阳能热发电系统环境友好,但具有较大不稳定性,且存在熔融盐储热时长的限制;S-CO_2 核能发电系统地域限制较大;S-CO_2 燃煤发电系统效率高且运行稳定,然而煤炭能源会导致环境污染和大量碳排放。因此,选择合适的热源以匹配 S-CO_2 布雷顿循环动力系统是提升该系统性能和运行灵活性的关键。

此外,与 S-CO_2 储能的集成同样影响系统运行及储能特性。在集成 S-CO_2 储能系统时,需要全面考虑储能往返效率、储能密度、存储容量和存储时长等重要性能指标。同时,为了确保系统能够高效地储存和释放能量,并在电力需求发生变化时灵活调节系统输出,储能系统的设计必须与发电系统密切匹配,以满足系统在不同负载和运行条件下的需求。这种灵活性不仅可以提高系统的整体能源利用效率,还能增强系统对电网波动的适应能力。因此,储能系统与发电系统的集成设计至关重要。

综上,构建新型多热源集成的 S-CO_2 布雷顿发电和储能一体化系统能够进行"查漏补缺",克服现有独立发电和储能系统的缺点,实现"1+1>2"的系统高效、低碳、灵活运行目的。

2

第二篇　关键换热设备中超临界二氧化碳流动传热机理

换热器是 S-CO$_2$ 发电与储能系统中的重要组成部件，它的流动传热与耐温耐压性能对系统的效率及稳定运行至关重要。系统中主要包括三种类型换热器：加热器、回热器与冷却器。其中，根据循环与热源耦合方式不同，加热器又可分为直接吸热式加热器（如 S-CO$_2$ 燃煤锅炉冷却壁与对流受热面[50]）与间接吸热式加热器（如太阳能塔式熔融盐发电系统[51]与钠冷快反应堆[52]的中间换热器）。然而，S-CO$_2$ 布雷顿循环与多种热源耦合中，换热器在不同层面面临以下问题：①在过程层面，需要明晰大温度跨度、强变物性 S-CO$_2$ 传热强化/恶化机理以指导系统设计；②在部件层面，需要保证换热器热安全性以确保动力系统的稳定运行；③在系统层面，需要通过换热器的优化设计提升循环效率。

基于上述问题，本篇主要阐述 S-CO$_2$ 流动传热机理及换热器优化设计的相关基础问题，针对不同换热器，主要内容如下：

1）第 3 章针对加热器，通过试验与数值模拟讨论均匀加热与非均匀加热条件下，大管径竖直管内 S-CO$_2$ 传热恶化机理，并介绍多种复杂边界条件下管内 S-CO$_2$ 传热高精度预测模型，讨论传热恶化的抑制措施。

2）第 4 章针对吸热管道非均匀受热导致的应力失效问题，明晰非均匀加热管内热应力与温度分布的影响规律，进一步阐述基于温度参数的管内热应力与总应力的评价准则，避免传统的热流固耦合分析，简化计算。基于评价准则，对非均匀加热管进行热流固耦合优化，介绍适用于多种非均匀加热工况的高效低阻且防止应力集中的强化管型。

3）第 5 章针对冷却器，阐述不同质量流速下 S-CO$_2$ 冷却传热机理，采用基于单相流体模型的湍流场分析阐明物性变化对 S-CO$_2$ 冷却传热现象的影响，同时采用基于类多相流体模型的比拟法讨论惯性力（intertial force）、界面力（interfacial force）和重力的分布对 S-CO$_2$ 冷却传热的作用机制，并基于 S-CO$_2$ 冷却传热机理发展新型高精度计算关联式。

4）第 6 章从提升循环效率角度讨论换热器的优化设计，阐述基于换热器部件层面流动传热性能评估循环效率的解耦评价方法，避免循环与换热器的耦合迭代计算，便于工程应用，并指导换热器的选型与优化设计。

第3章

超临界二氧化碳传热恶化机理与抑制

与常规流体不同，超临界流体由于在拟临界温度附近物性变化剧烈，会导致反常的传热现象，如传热强化（heat transfer enhancement，HTE）与传热恶化（heat transfer deterioration，HTD）。传热恶化是超临界流体加热管道中面临的重要问题之一，它将致使局部表面传热系数降低及壁温急剧飞升，导致加热管的热破坏。因此，传热恶化的机理研究与抑制措施对于动力系统的安全稳定运行至关重要。

实际工程应用中，对于 S-CO$_2$ 布雷顿循环动力系统中的加热器，为减小管内流动阻力，一般采用较大的管道直径（>20mm）[31]。根据文献［53］研究，管径对 S-CO$_2$ 流动换热特性具有较大的影响，特别是在近临界区，大管径通道内更容易出现传热恶化，且发生传热恶化时的壁温飞升也远高于小管径通道。因此，明晰大管径管内 S-CO$_2$ 流动传热机理十分必要。

针对上述问题，通过试验与数值模拟阐述均匀加热与非均匀条件下，大管径竖直管内宽工况范围 S-CO$_2$ 传热特性，采用类沸腾理论与湍流场分析法，揭示 S-CO$_2$ 传热恶化机理，发展复杂边界条件下管内 S-CO$_2$ 传热高精度预测模型，并介绍传热恶化的抑制措施。

3.1 均匀加热条件下管内 S-CO$_2$ 传热恶化机理与抑制

3.1.1 S-CO$_2$ 传热性能的试验测试方法

国内外对超临界二氧化碳传热开展了广泛的试验研究。图 3-1 所示为搭建在西安交通大学热流科学与工程教育部重点实验室的超临界二氧化碳传热试验系统示意图，试验现场照片如图 3-2 所示。该试验系统的设计压力为 25MPa，设计温度为 500℃。考虑到工程应用中的实际运行工况，试验台最大质量流量为 3000kg·h^{-1}（对应试验段质量流速 G = 1800kg·m^{-2}·s^{-1}），试验段加热热流密度大于 350kW·m^{-2}。整个试验回路均由内径 d_i = 24mm、外径 d_o = 32mm 的 304 不锈钢（SS304）管连接而成，考虑到管径增大将导致法兰等连接组件耐压能力变弱，因此除必要的法兰（如绝缘法兰）和螺纹接口（如流量计接口）外，其他连接处均使用氩弧焊将管道焊为一体，以保证试验台稳定持久运行。

试验系统主要由 S-CO$_2$ 供气系统、真空抽注系统、S-CO$_2$ 循环系统、电加热系统、冷却系统及数据采集系统组成。试验使用的二氧化碳为工业普通二氧化碳，纯度为 99.9%。为排除试验管路内不凝性气体（如空气）对 S-CO$_2$ 流动换热的影响，在充注 CO$_2$ 前，采用真空泵排除管路内的不凝性气体。S-CO$_2$ 循环系统主要包括储液罐、柱塞泵、稳压罐、质量流量计、回热器、预热器、试验测试段、冷却器和背压阀。①液态的 CO$_2$ 从储液罐流出后，经柱塞泵加压，进入稳压罐中以稳定试验测试段的流量和压力；②高压 CO_2 流经质量流量计后进入回热器中回热，以减小高入口温度工况时预热器的加热功率；③CO_2 依次经过预热器、试验测试段后再进入回热器，与低温的 CO_2 进行换热；④最后，CO_2 在冷却器中降温，经背压阀减压后回到储液罐中。储液罐上部连接制冷机组，充分冷却回到储液罐的 CO_2，维持储液罐内 CO_2 的低温，以保证 CO_2 在储液罐内为液态，从而实现柱塞泵的长时间稳定工作。为减小系统散热，除柱塞泵及流量计附近管路外，其他管路均包覆 50mm 厚度的硅酸铝保温棉，试验测试段由于本身管壁温度较高，包裹 100mm 厚度的保温棉。

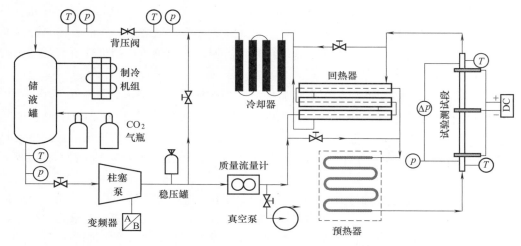

图 3-1　超临界二氧化碳传热试验系统示意图

图 3-2　试验现场照片

试验测试段及壁温测点布置方式如图 3-3 所示。试验测试段总长为 2500mm，其中加热段（两块铜极板之间）长度为 2000mm，加热段上下游均设置 250mm 长的绝热段，以保证加热段的流动稳定。试验测试段采用三点式加热，其中两端两块铜极板通过铜辫线与高频直流电源的正极相连，中间铜板连接电源负极，从而实现管壁周向均匀加热。每两块极板之间的管壁外表面沿管子轴向均匀布置 20 个 OMEGA K 型热电偶测量管外壁温，共 40 个测温点。热电偶采用电容冲击焊的方法固定在管壁外表面上，以尽可能减小热电偶与管壁之间接触热阻导致的测温误差，焊接完成后，所有热电偶根部采用耐高温玻璃丝套管绝缘，然后用玻璃丝带结扎以防止热电偶脱落。试验测试段的进出口温度采用 K 型铠装热电偶测量，入口压力和压差分别用压力传感器和压差传感器测量。

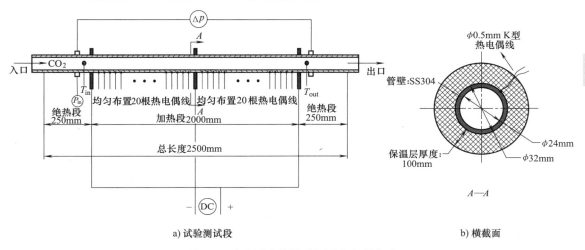

图 3-3　试验测试段及壁温测点布置方式

试验管道内壁温与表面传热系数等参数通过试验数据后处理获得，详细的试验数据处理方法、试验参数不确定度分析及试验台精度验证等，感兴趣的读者可查文献［32］，此处不再详述。

3.1.2　试验参数的影响

首先对比大管径试验数据和文献中小管径试验数据，考查大管径管内传热恶化的严重性。图 3-4 表示管径对传热的影响，其中大管径（$d_i = 24$mm）数据由本试验台测量，小管径（$d_i = 10$mm）来自 Zhu 等[54]的试验数据。可以看出，在两种管径下，内壁温 $T_{w,i}$ 随焓值 i_b 先升高后降低，均出现了较为明显的温度峰值，表明发生了传热恶化现象。其中，小管径的内壁温峰值较小，温度变化较平缓，而对于大管径，则观察到了明显的壁温尖峰。此外，大管径的内壁温峰值的位置相对于小管径更接近于入口。可以得出，大管径管内更易出现传热恶化，且发生传热恶化导致的内壁温飞升显著高于小管径管。这主要是由于管径增大导致径向速度梯度减小。因此，开展 S-CO$_2$ 在大管径、宽

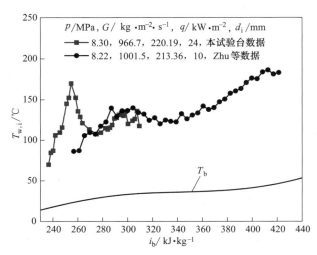

图 3-4　管径对传热的影响

工况范围下的试验研究对大管径管内 S-CO$_2$ 传热恶化的机理研究及其抑制措施具有重要意义。

热流密度对传热的影响如图 3-5 所示，它表示四种压力与质量流速工况下，热流密度 q 对管内壁温 $T_{w,i}$ 的影响，图中横坐标为流体沿程的焓值 i_b，纵坐标为管内壁温 $T_{w,i}$。以图 3-5b 为例，当壁面热流密度较低（$q = 87.69 \text{kW} \cdot \text{m}^{-2}$ 与 $119.49 \text{kW} \cdot \text{m}^{-2}$）时，壁面温度变化较缓慢，无明显的壁温峰值出现，此时管内 S-CO$_2$ 的传热模式为正常传热。而当壁面热流密度增大至 $143.26 \text{kW} \cdot \text{m}^{-2}$ 时，壁温从入口处开始出现明显上升趋势，大约在第 7 个测温点处到达峰值，该现象说明 S-CO$_2$ 在管内发生了传热恶化现象。达到峰值后，壁温沿流体流动方向逐渐降低，最终恢复至正常传热水平。而当壁面热流密度进一步升高至 $164.74 \text{kW} \cdot \text{m}^{-2}$ 时，峰值壁温升高，传热恶化现象加剧，同时，壁温峰值点提前到了大约第 4 个测温点附近，说明热流密度增大导致传热恶化提前至低焓值区。

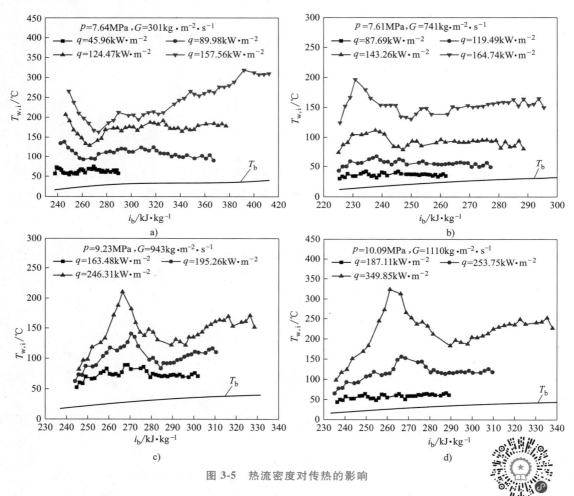

图 3-5　热流密度对传热的影响

图 3-5c 与图 3-5d 表示较高压力与较大质量流速下，热流密度对壁温的影响规律，与图 3-5b 中工况类似，在壁面热流密度较低时，管内 S-CO$_2$ 为正常传热模式，而随着热流密度增大，高压工况中也出现了传热恶化的现象。与图 3-5c 相比，

扫码查看彩图

压力较高、质量流速较大时，传热恶化发生的热流密度也会增大，以 $p=9.23\mathrm{MPa}$、$G=943\mathrm{kg\cdot m^{-2}\cdot s^{-1}}$ 为例（图3-5c），当 $q=163.48\mathrm{kW\cdot m^{-2}}$ 时，并没有发生明显的传热恶化现象，而当 $p=7.61\mathrm{MPa}$、$G=741\mathrm{kg\cdot m^{-2}\cdot s^{-1}}$ 时（图3-5b），相近热流密度下已出现非常明显的传热恶化现象。此外，压力较高、质量流速较大时，传热恶化发生的位置也会相应后移，发生在管道中部附近。

需要注意的是，在近临界压力、低质量流速下，管内壁温的分布规律与其他工况稍有不同。图3-5a表示 $p=7.64\mathrm{MPa}$、$G=301\mathrm{kg\cdot m^{-2}\cdot s^{-1}}$ 时，不同热流密度下管内壁温度的分布规律。可以看出，在热流密度较低，$q=45.96\mathrm{kW\cdot m^{-2}}$ 时，该工况即发生了传热恶化现象，壁温峰值发生在第2个测温点附近。随着热流密度增大，$q=89.98\mathrm{kW\cdot m^{-2}}$ 时，传热恶化进一步增强，壁温峰值明显升高，虽然壁温峰值仍发生在第2个测点，但相对于 $q=45.96\mathrm{kW\cdot m^{-2}}$ 的工况，第1个测点温度与第2个测点温度更加接近，说明实际壁温峰值点左移。随着热流密度的继续增大，壁温峰值现象消失，取而代之的是壁温在入口处即达到最大值，然后沿着流动方向逐渐降低，即传热恢复，传热恢复后的壁温分布规律与其他工况基本一致。

质量流速对传热的影响如图3-6所示，它表示相同压力与热流密度条件下，不同质量流速 G 对管内壁温 $T_{\mathrm{w,i}}$ 的影响规律。以图3-6a为例，可以看出，在质量流速 $G=315\mathrm{kg\cdot m^{-2}\cdot s^{-1}}$ 时，壁温在入口第1个测温点便达到最大值，即在入口处发生了传热恶化现象，随着质量流速的增大，壁温峰值点后移，且壁温变化趋于平缓，最高壁温明显降低，说明随着质量流速增加，传热恶化强度减弱。当 $G=950\mathrm{kg\cdot m^{-2}\cdot s^{-1}}$ 时，壁温沿程变化无明显峰值现象，传热恶化消失。较高压力的工况如图3-6b所示，壁温的变化也有相似的规律。上述现象表明，增大质量流速有助于削弱甚至消除传热恶化现象。

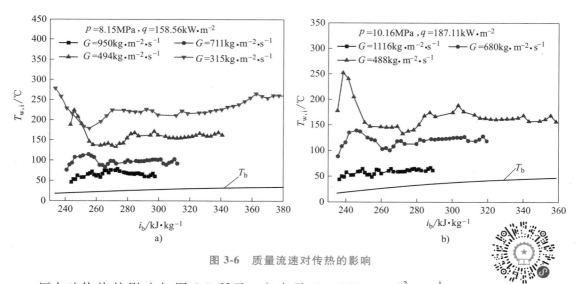

图3-6 质量流速对传热的影响

压力对传热的影响如图3-7所示，它表示 $G=453\mathrm{kg\cdot m^{-2}\cdot s^{-1}}$、$q=136.17\mathrm{kW\cdot m^{-2}}$ 时，不同压力条件下管内壁温 $T_{\mathrm{w,i}}$ 的变化规律。由图3-7可以看出，压力越接近临界压力，壁温峰值越高，传热恶化越强，而随着压力的升高，最高壁温明显降低，当 $p=15.00\mathrm{MPa}$ 时，仅观测到轻微的传热恶化现象，说明提高压力有助于削弱传热恶化。这是由于随着压力远离临界压力，拟临界温度附近的物性变化趋于平缓，逐渐接近

扫码查看彩图

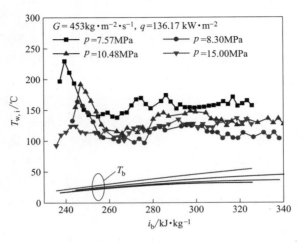

图 3-7　压力对传热的影响

常物性流体，因而传热恶化现象会减弱。

3.1.3　竖直上升管内 S-CO₂ 传热恶化机理

目前文献中普遍基于单相流体假设研究超临界流体的传热，认为超临界流体的传热恶化主要是在浮升力和热加速共同作用下产生的。浮升力与热加速效应将降低管内流体的速度梯度并降低湍流强度，导致局部传热能力下降[55]。近年来，文献中开始基于超临界类多相理论研究超临界流体在拟临界温度附近的强变物性。下面将首先简要介绍超临界类沸腾理论，然后基于浮升力、热加速效应与超临界类沸腾理论分析大管径竖直上升管内传热恶化机理，讨论管内传热恶化发生的关键影响因素。

1. 超临界流体类沸腾理论

目前文献中基于超临界类多相流体模型对于流体温度、压力参数区域的划分多采用 Widom 线（即不同压力下拟临界温度组成的线）划分方法，将超临界流体区分为类液相（liquid-like，LL）与类气相（vapor-like，VL），其中，Widom 线的定义为某物性的极大值线[58]，如图 3-8a 所示。然而，与亚临界相变不同，超临界流体由类液相转变为类气相的过程并非相平衡状态，而是在有限温度区间内的传播，因此，Ha 等[57] 提出超临界流体的 Widom 三角形划分方法，如图 3-8b 所示。Widom 三角形将超临界流体划分为三个区域，其中 Widom 三角形外部两个区域分别为类液相与类气相，Widom 三角形内部为类液相与类气相共存。

基于 Widom 三角形分区方法，Wang 等[59] 提出超临界流体的三区模型，即 Widom 三角形内为类两相区（two-phase-like，TPL），而外部分别为类液相与类气相，其中，类两相区与类液相区的边界温度定义为 T^-，类两相区与类气相区的边界温度定义为 T^+。由 T^- 升温至 T^+ 时流体焓值的增加量 Δi_{pc} 定义为超临界类相变过程的潜热。T^- 与 T^+ 的计算方法可见参考文献 [59]。

进一步，基于上述三区模型，本节对亚临界沸腾与超临界加热工况的流态进行比拟。图 3-9a 表示亚临界流动沸腾中一种典型的流态发展，过冷液体在进入加热管后，首先是液态单相流动，而随着液体逐渐被加热，在管内壁面附近首先出现气泡，但由于此时主流液体

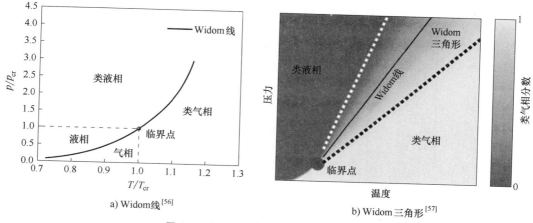

a) Widom线[56]　　　　　　　　　　　　b) Widom三角形[57]

图 3-8　超临界流体类多相区划分方法

温度较低，气泡很快脱落，流动在近壁区为泡状流，此时管内发生核态沸腾。随着加热进一步加强，气泡生成速率加快，体积变大，在壁面处形成了较大面积的蒸气片，且较难脱落，此时管内便发生了偏离核态沸腾（departure from nucleate boiling，DNB）。DNB 点之后，壁面开始积聚气膜，而液体则在管道中心区域流动，形成反环状流，此时管内为膜态沸腾，而随着流体进一步被加热，液体体积分数减小，连续的液态流动变为破碎的液滴，即雾状流。最终，液态工质全部转化为蒸气，此时为过热蒸气单相流动。

　　而对于超临界加热工况，如图 3-9b 所示，与亚临界沸腾类似，入口处为纯类液相，随着流体被加热，壁面附近首先达到类两相区或管壁附近仅形成了一层很薄的类气膜，即壁面附近同时存在类液相与类气相，与亚临界沸腾的泡状流对应，此时由于类两相区大比热的作用，管内传热显著高于正常传热模式，与亚临界核态沸腾类似，可定义为类核态沸腾。随着进一步加热，壁面附近开始积聚类气膜，而管道中心则仍为类液相，与亚临界沸腾的反环状流对应，此时管内可定义为类膜态沸腾。随着流体温度的进一步升高，中心类液相消失，主要为类两相流体，与亚临界沸腾的雾状流对应，最终发展为纯类气相的单相流动。特别地，当管内类沸腾模式由类核态沸腾转化为类膜态沸腾的过程中，会有局部类气膜增厚的现象，导致局部表面传热系数下降，进而引发传热恶化，该现象与亚临界 DNB 类似，可定义为类 DNB。

　　此时，超临界传热恶化的抑制可参考亚临界沸腾传热，即创建稳定的类核态沸腾，避免类膜态沸腾与类 DNB。超临界类核态沸腾的定义对超临界传热恶化的抑制具有参考价值。

2. 竖直上升管内类气膜受力分析

　　为获得竖直上升管内超临界类气膜厚度的主要影响因素，下面将对类气膜进行受力分析。同样，将类气膜与亚临界沸腾中的气泡进行类比。竖直上升管内流动沸腾中，气泡主要受到三个力的作用：气相与液相之间的界面力 F_s、主流流动对气泡造成的惯性力 F_i 以及重力（浮升力）F_g。超临界类气膜同样受到以上三个力的作用。类沸腾模式与类气膜受力分析示意图如图 3-10 所示。

　　超临界类沸腾中界面力 F_s 主要是由界面处类相变过程导致的质量交换造成的，类相变过程会导致类气膜增厚，会对周围类液相流体产生动量力，使周围液体对类气膜产生一个大小相等的反作用力，从而使类气膜黏附在壁面上，难以被主流流体打破。因此，界面力越

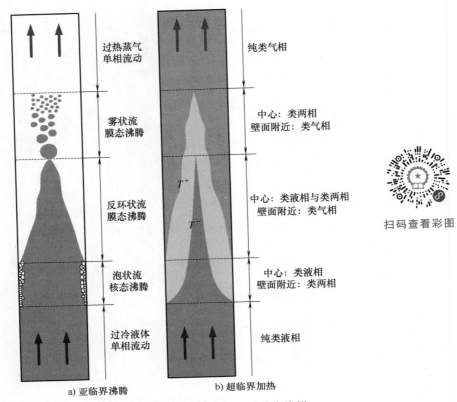

图 3-9　亚临界沸腾与超临界加热的流态比拟

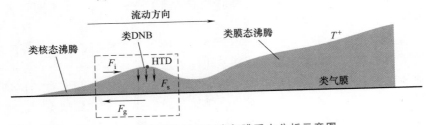

图 3-10　类沸腾模式与类气膜受力分析示意图

大，类气膜越厚，更容易发生类膜态沸腾。类比于亚临界沸腾，类相变的质量流速计算公式为 $q/\Delta i_{pc}$，其中，q 为热流密度，Δi_{pc} 为类相变潜热。此时，界面力 F_s 可由下式计算[60]：

$$F_s = \frac{qd}{\Delta i_{pc}} \frac{q}{\Delta i_{pc}} \frac{1}{\rho_{VL}} = \left(\frac{q}{\Delta i_{pc}}\right)^2 \frac{d}{\rho_{VL}} \qquad (3-1)$$

式中，d 为特征尺度；ρ_{VL} 为类气相的密度。

考虑到类气膜主要分布在近壁区，ρ_{VL} 可由壁面处的密度 ρ_w 代替以简化计算[61]，此时式（3-1）可简化为

$$F_s = \left(\frac{q}{\Delta i_{pc}}\right)^2 \frac{d}{\rho_w} \qquad (3-2)$$

惯性力 F_i 代表主流类液相流体对壁面类气膜的吹扫作用，惯性力越大，气膜越薄，惯性力的计算公式为

$$F_i = \rho_b u^2 d = \frac{G^2 d}{\rho_b} \tag{3-3}$$

式中，G 为质量流速；ρ_b 为主流流体的密度。

显然，当界面力 F_s 越大、惯性力 F_i 越小时，类气膜越厚，为表征界面力与惯性力的竞争关系，借鉴亚临界韦伯数的定义，引入超临界韦伯数 We^*，定义式[23] 如下：

$$We^* = \frac{F_i}{F_s} = \left(\frac{G\Delta i_{pc}}{q}\right)^2 \frac{\rho_w}{\rho_b} \tag{3-4}$$

We^* 越大，类气膜越薄。

重力 F_g 的作用主要表现为主流对类气膜的浮升力，它主要由密度差导致，定义式如下：

$$F_g = (\rho_b - \rho_w) g d^2 \tag{3-5}$$

式中，g 为重力加速度。

在竖直上升管内，浮升力的方向与惯性力方向相同，使得类气膜本身存在向上运动的趋势，相当于削弱了惯性力的作用，因此浮升力越大将导致类气膜越厚。浮升力与惯性力的无量纲比值为

$$\frac{F_g}{F_i} = \frac{(\rho_b - \rho_w)\rho_b g d}{G^2} = \frac{|\rho_b - \rho_w|\rho_b g d^3}{\mu_b^2} \frac{\mu_b^2}{G^2 d^2} = \frac{Gr_b}{Re_b^2} = Ri \tag{3-6}$$

式中，Re 为雷诺数；Gr 为格拉晓夫数；Ri 为表征浮升力与惯性力竞争关系的浮升力因子。然而，另一个应用较广泛的浮升力因子 Bo 被证明在超临界传热预测中具有更高的精度，它的定义式[15] 如下：

$$Bo = \frac{Gr_b}{Re_b^{2.7}} \tag{3-7}$$

当浮升力因子 $Bo < 10^{-5}$ 时，浮升力的影响可以忽略不计。因此，本节采用 Bo 代替 Ri 评价浮升力对传热恶化的作用机制。

传热恶化机理分析如图 3-11 所示，它表示传热恶化工况下，内壁温、We^* 与 Bo 的沿程分布。可以看出，We^* 在壁温峰值位置出现明显的低谷，同时传热恶化发生区域浮升力因子 Bo 也较大。考虑到 We^* 越小、Bo 越大，类气膜越厚，结合上述现象，说明界面力、惯性力与浮升力共同作用下导致的局部类气膜增厚是诱发大管径竖直管内传热恶化的主要原因。该现象同样证明了类沸腾理论用于传热恶化分析的正确性。为验证该结论，本书 3.1.4 节将采用数值模拟方法，观测类气膜的沿程分布，获得类气膜厚度对管内传热性能的影响机制。

3.1.4　传热恶化机理的数值模拟分析

由于类气膜在试验中很难观测，为验证管内类气膜厚度对传热性能的影响，本节采用数值模拟方法，观测管内类气膜的沿程发展规律。数值模拟采用的管道尺寸与试验完全一致（图 3-3），管内流动传热可简化为三维稳态流动，它的控制方程如下：

连续性方程：

$$\frac{\partial(\rho u_i)}{\partial x_i} = 0 \tag{3-8}$$

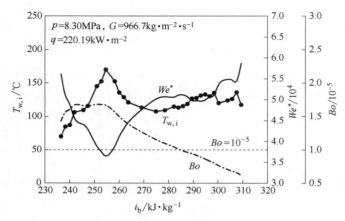

图 3-11 传热恶化机理分析

动量方程:

$$\frac{\partial(\rho u_i u_j)}{\partial x_j} = -\frac{\partial p}{\partial x_i} + \frac{\partial}{\partial x_j}\left[\mu\left(\frac{\partial u_i}{\partial x_j} + \frac{\partial u_j}{\partial x_i} - \frac{2}{3}\delta_{ij}\frac{\partial u_k}{\partial x_k}\right)\right] + \frac{\partial}{\partial x_j}(-\rho\overline{u'_i u'_j}) + \rho g_i \qquad (3\text{-}9)$$

能量方程:

$$\frac{\partial(\rho u_i c_p T)}{\partial x_i} = \frac{\partial}{\partial x_i}\left(\lambda_{eff}\frac{\partial T}{\partial x_i}\right) \qquad (3\text{-}10)$$

式中,u 为速度;p 为压力;T 为温度;ρ 为密度;μ 为动力黏度;c_p 为比定压热容;λ_{eff} 为热导率;g 为重力加速度,$g=9.8\text{m}\cdot\text{s}^{-2}$;下标 i,j,k 分别表示向量在 x,y,z 三个方向的分量。

式(3-9)中的雷诺应力项 $-\rho\overline{u'_i u'_j}$ 需要引入湍流模型求解,Menter[62] 提出的 SST k-ω 湍流模型结合了 Wilcox k-ω 模型和标准 k-ε 模型的优势,已经被广泛用于 S-CO$_2$ 的流动传热预测中,因此,本书中采用 SST k-ω 湍流模型求解控制方程中的雷诺应力。

在 SST k-ω 湍流模型中,雷诺应力的计算采用 Boussinesq 假设,它的计算公式为

$$-\rho\overline{u'_i u'_j} = \mu_t\left(\frac{\partial u_i}{\partial x_j} + \frac{\partial u_j}{\partial x_i}\right) - \frac{2}{3}\left(\rho k + \mu_t\frac{\partial u_k}{\partial x_k}\right)\delta_{ij} \qquad (3\text{-}11)$$

式中,δ_{ij} 为黏度导致的应力张量;μ_t 为湍流黏度。

μ_t 的计算式为

$$\mu_t = \frac{\rho k}{\omega}\,\frac{1}{\max\left(\dfrac{1}{\alpha^*},\dfrac{F_2\sqrt{2S_{ij}S_{ij}}}{\alpha_1\omega}\right)} \qquad (3\text{-}12)$$

式中,S_{ij} 为应变张量速率;F_2 为混合函数;α^* 为低雷诺修正系数;α_1 为常数,取值为 0.31;k 为湍动能;ω 为比耗散率。

它的控制方程分别为

k 方程:

$$\frac{\partial(\rho u_i k)}{\partial x_i} = \frac{\partial}{\partial x_j}\left[\left(\mu + \frac{\mu_t}{\sigma_k}\right)\frac{\partial k}{\partial x_j}\right] + G_k - Y_k \qquad (3\text{-}13)$$

ω 方程:

$$\frac{\partial(\rho u_i \omega)}{\partial x_i} = \frac{\partial}{\partial x_j}\left[\left(\mu + \frac{\mu_t}{\sigma_\omega}\right)\frac{\partial \omega}{\partial x_j}\right] + G_\omega - Y_\omega + D_\omega \qquad (3\text{-}14)$$

式中，G_k、G_ω 分别为平均速度梯度产生的湍动能及比耗散率；Y_k、Y_ω 分别为 k 与 ω 由于湍流产生的耗散；σ_k、σ_ω 分别为 k 与 ω 方程中的湍流普朗特数；D_ω 为 ω 方程中的交叉扩散项。

模型入口为质量流量入口，给定质量流速与入口温度，出口为压力出口，加热段管道给定恒定的内热源 S，延长段管道无内热源，整个管道外壁面均为绝热壁面。上述控制方程采用商业软件 ANSYS Fluent 求解，压力速度耦合采用 SIMPLE 算法，对流项离散采用二阶迎风格式，扩散项离散采用中心差分格式。计算的收敛准则为所有控制方程的残差小于 10^{-8} 且残差随迭代不再变化，S-CO$_2$ 的物性由 NIST 数据库查得。

选取 4 个典型工况，进行数值模拟结果与试验结果对比，并对类气膜厚度进行分析，如图 3-12 所示。为使选取的工况具有代表性，工况选取遵循以下原则：工况 1 为近临界压力（约为 8MPa）低质量流速工况，此时传热恶化发生在入口处，如图 3-12a 所示；工况 2 为近临界压力高质量流速低热流密度工况，此时管内为正常传热模式，如图 3-12b 所示；工况 3 为近临界压力高质量流速高热流密度工况，此时传热恶化发生在管道中部，如图 3-12c 所示；工况 4 为远离临界压力（约为 12MPa）发生传热恶化工况，如图 3-12d 所示。

由图 3-12 可以看出，选取的 4 个工况中，数值预测的管内壁温值与试验结果基本一致，仅在工况 3 壁温峰值附近（图 3-12c），数值模拟高估了传热恶化点的壁温，但该工况中其他位置温度的数值预测结果与试验值基本一致，且数值模拟对壁温峰值位置的预测精度也较高。与试验结果相比，数值预测壁温中 91.8% 的数据与试验壁温偏差小于 15%，证明了本节采用的数值模型准确可靠。

图 3-12 同样表示在 4 种典型工况下，类气膜厚度 y 的沿程分布规律，在近临界压力、低质量流速（工况 1）时，由于惯性力较小，浮升力与界面力作用明显，管道在入口处便积聚了较厚的类气膜，导致入口处即发生了传热恶化。随着类气膜聚集到一定厚度时（点 1），惯性力对类气膜的作用增强，使得类气膜发生"坍塌"，从而在下游产生一个局部气膜较薄的区域，传热恢复，且传热恢复区（点 2）传热高于正常传热区域。该过程可类比亚临界沸腾，相当于在入口处生成了一个气泡，随着气泡长大，主流对气泡的冲刷力（惯性力）增大，待惯性力大于气泡在壁面的黏附力（浮升力与界面力）时，气泡脱落，传热恢复，气泡脱落的同时会带走一部分下游黏附的气泡，从而强化下游传热。传热恢复后，气膜在下游再次开始聚集，产生二次传热恶化（点 3），随后类气膜"坍塌"，传热恢复，该现象也即文献 [63] 中提到的壁温多峰值现象，类沸腾原理很好地解释了壁温出现多峰值现象发生的原因。随着主流温度继续升高，下游类气膜变厚，类比于亚临界沸腾，相当于气泡生成速率过快，气泡不再脱落，而是在管壁处生成了稳定的气膜。此时管内传热模式为稳定类膜态沸腾，因此下游壁温随着主流单调递增，不会再出现明显的壁温峰值现象。

随着质量流量增大（工况 2），惯性力较大，使得整个管道内类气膜较薄，因此未发生明显的传热恶化现象。而在工况 3 中，由于提高了热流密度，管内再次出现了传热恶化现象，与工况 1 不同的是，传热恶化点大致发生在 $z/d = 20$ 处，这是由于质量流量增大后，在惯性力的作用下，浮升力与界面力的作用减弱，使得类气膜较难在入口处快速聚集，同时，类气膜"坍塌"后也难以再次聚集，因此在高质量流速工况中，较少出现壁温多峰值现象。

31

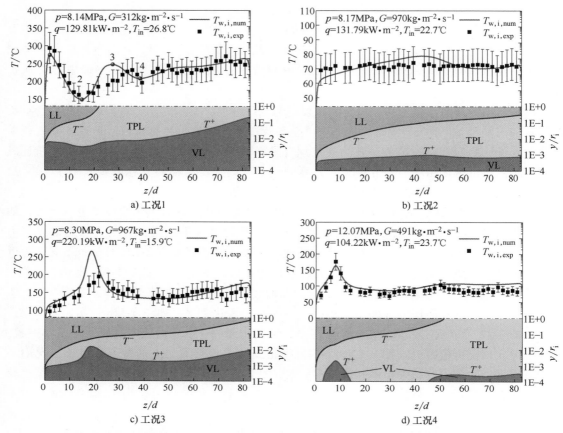

图 3-12　数值模拟结果与试验结果对比（15%误差棒）及类气膜厚度分析

　　随着压力远离临界压力（工况 4），界面力减弱，同时类液相与类气相的密度差减小，从而导致浮升力作用减弱，气膜在厚度较小时便发生"坍塌"，因此该工况中虽然出现了传热恶化现象，但传热恶化强度远低于近临界压力工况。此外，由于界面力与浮升力较小，气膜整体较薄，因此，提升压力有助于抑制类气膜的聚集，从而延缓或防止传热恶化的发生。

3.1.5　传热恶化的抑制

　　由本书 3.1.4 节可知，类气膜的聚集是诱发传热恶化的主要因素。要防止传热恶化，则需要打破类气膜的聚集，防止发生类膜态沸腾，同时将主流的类液相或类两相工质引至壁面附近，使管内发生类核态沸腾。因此，本节将通过考查 5 种典型的管内强化结构讨论不同强化结构对传热恶化的抑制性能。

　　为打破管内类气膜聚集，并将主流类液相及类两相工质引至壁面附近，实现稳定的类核态沸腾，采用两种流场结构实现：一种是旋转轴与主流垂直的横向涡，另一种则是在壁面附近创建旋转轴与主流平行的纵向涡。此外，还考查了管内强化中采用较多的内螺纹管（图 3-13a），考查不同流场结构对管内类气膜发展的影响。

　　横向涡的产生采用最为典型的横向沟槽（图 3-13b）与横向矩形肋（图 3-13c）。纵向涡的产生则采用两种典型的纵向涡发生器：一种是在壁面处沿周向布置的与主流成一定角度

（攻角 θ_a）的矩形小翼[64]，如图 3-14a 所示；另一种是在管内插入周向布置的锥形片[65]，如图 3-14b 所示。各强化结构主要结构参数见表 3-1，需要注意的是，锥形片的宽度与高度由其对应的圆心角 θ_c、外直径 d_1 与内直径 d_2 控制，因此表 3-1 给出这 3 个尺寸的值，但并未给出锥形片的宽度与高度。

a) 内螺纹管

b) 横向沟槽

c) 横向矩形肋

图 3-13　沟槽与肋结构示意图

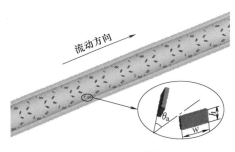

a) 矩形小翼[64]

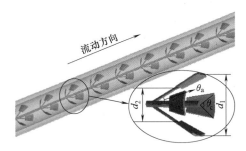

b) 锥形片[65]

图 3-14　纵向涡发生器结构示意图

表 3-1　各强化结构主要结构参数

强化结构	宽度 w/mm	高度 h/mm	攻角 θ_a/(°)	周向个数	节距 s/mm
内螺纹管	2	2	30	6	133
横向沟槽	3.5	1	—	1	20
横向矩形肋	2	2	—	1	33
矩形小翼	4	2	30	12	50
锥形片	$d_1 = 20\text{mm}, d_2 = 10\text{mm}$ $\theta_c = 45°$		30	4	50

　　本节选用图 3-12 中 4 种工况中传热恶化最严重（入口处即发生传热恶化）的工况 1 作为基础工况，考查 5 种强化结构对传热恶化的抑制作用，各种强化结构的壁温分布与光管壁温分布的对比如图 3-15 所示。可以看出，横向沟槽结构壁温仅稍低于光管，且变化趋势与光管一致，传热恶化点与二次恶化点处均出现较明显的壁温峰值现象，这是因为横向沟槽对

流场的扰动均在类气膜以内，无法打破类气膜的发展，因此，横向沟槽结构无法抑制管内传热恶化的发生。内螺纹管内同样发生了明显的壁温峰值现象，但与横向沟槽不同的是，内螺纹管的传热恶化点发生了后移，同时二次恶化现象消失，说明内螺纹管可以延缓传热恶化的发生，但无法彻底消除传热恶化。这是因为内螺纹管会使管内流体发生螺旋流动，相当于增加了流体的流速，从而增加流体的惯性力，因此可以使传热恶化点后移，但螺旋流动并不会增强壁面附近类气相区与管道内部类液相区和类两相区的质量交换，因此无法防止传热恶化的发生。

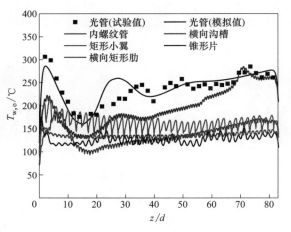

扫码查看彩图

图 3-15　各种强化结构的壁温分布与光管壁温分布的对比

布置横向矩形肋与两种纵向涡发生器的管道壁温沿程分布均较平缓，无明显的壁温峰值现象，且壁温水平明显低于光管。该结果表明，三种强化结构均可以抑制传热恶化的发生，并显著降低壁温，其中，布置锥形片的管道壁温最低，其次是横向矩形肋与矩形小翼。

为分析三种强化结构对传热恶化的抑制机理，图 3-16 所示为光管与三种强化结构内类气膜厚度沿程分布，为更加清晰地展示三种强化结构对传热恶化的抑制机理，图 3-16 中选取第一次传热恶化发生区间（$z/d=0\sim12$）作为研究对象。可以看出，在光管靠近入口（约在 $z/d=1$）处，气膜厚度达到极大值，该位置对应图 3-12a 中的壁温极大值位置。而在横向矩形肋管中，如图 3-16b 所示，由于肋片的存在，管内类气膜分布呈近似周期变化，类气膜在肋的下游处短暂增厚后迅速坍塌，回归至正常传热的气膜厚度水平。同时，气膜在各个周期中厚度几乎一致，且整体厚度低于光管，说明横向矩形肋有效防止了类气膜的聚集，从而抑制了传热恶化。此外，在相邻两个肋之间，横向矩形肋管中类液相与类两相流体的交界面（T^-）呈现明显的下凹形态，说明横向矩形肋形成的横向涡强化了主流类液相流体与壁面附近类气相流体的质量交换，从而显著强化了传热。

图 3-16c 与图 3-16d 分别表示两种纵向涡发生器管内类气膜分布，类气膜的分布规律与横向矩形肋管类似，类气膜的沿程近似呈周期分布，且沿程无明显的类气膜聚集现象，说明纵向涡结构同样有效打破了类气膜的发展，防止传热恶化。与横向矩形肋不同的是，矩形小翼与锥形片通道内类液相区的占比显著增多，说明纵向涡结构可以更加有效地将主流的类液相流体引导至近壁面处，从而强化传热。为分析两种纵向涡结构对管内流动的影响规律，图 3-17 表示矩形小翼与锥形片管道内横截面的速度矢量图。可以看出，两种纵向涡发生器

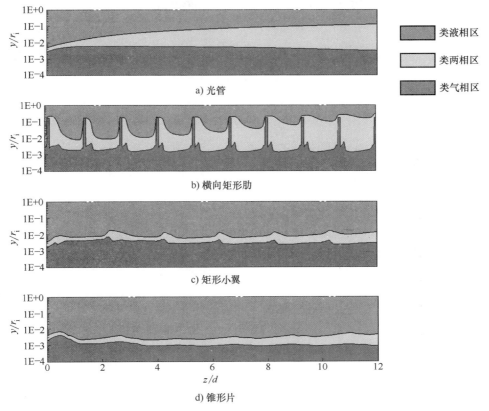

图 3-16 光管与三种强化结构内类气膜厚度沿程分布（$z/d = 0 \sim 12$）

均生成了较明显的纵向涡结构，不同的是，矩形小翼由于布置在管壁面上，形成的纵向涡强度较弱，且影响范围较小，主要对边界层及其附近的流体产生扰动，因此，矩形小翼虽然有效破坏了类气膜的发展，抑制传热恶化的发生，但对壁温的降低较小。而锥形片形成的纵向涡结构核心更加接近管道中心，不仅可以有效地对边界层流体进行扰动，打破类气膜的发展，还可以有效地将管道核心区温度较低的类液相流体引导至壁面附近，显著增强传热。因

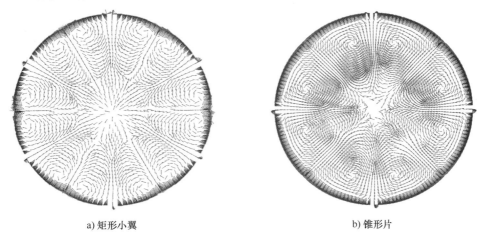

a) 矩形小翼   b) 锥形片

图 3-17 矩形小翼与锥形片管道内横截面的速度矢量图（$z/d = 1$）

此，在 5 种强化结构中，锥形片结构具有最高的强化传热性能。

为考查不同强化结构的强化传热性能与阻力性能，引入等泵功条件下的综合性能评价因子（performance evaluation criteria，PEC）对 5 种强化结构进行评价，PEC 的表达式为

$$PEC = \frac{Nu/Nu_s}{(f/f_s)^{1/3}} \tag{3-15}$$

式中，Nu 为通道内的平均努塞尔数；f 为通道内的平均阻力因子；下标 s 代表光通道的值。

5 种强化结构综合传热性能如图 3-18 所示，它表示 5 种通道内 Nu/Nu_s、f/f_s 与 PEC 的值，由于 PEC 的差别较小，图中给出 5 种通道的 PEC 值。可以看出，内螺纹管与横向沟槽由于阻力较低，PEC 值较高，但由于该两种通道无法抑制传热恶化，因此不推荐近临界工况采用，而推荐用于远临界工况等接近单相强制对流的工况中。横向矩形肋虽然强化传热性能较高，但它的阻力在工况 1 的小质量流速下即可增加至光管的 8.43 倍，因此综合传热性能较低，不推荐采用。矩形小翼与锥形片

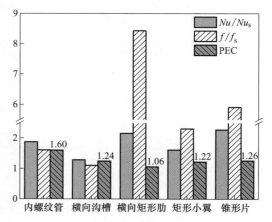

图 3-18　5 种强化结构综合传热性能

的综合传热性能较接近，锥形片稍高于矩形小翼，这是因为矩形小翼的阻力较小而锥形片的传热较强，因此，矩形小翼结构适用于对压降要求较严格的工况，而锥形片更适合对壁温控制较严格的工况。考虑到加热管道的热安全性问题，同时内插锥形片的加工与安装相较于矩形小翼更为方便，因此推荐锥形片作为抑制传热恶化的强化结构。

为进一步考查锥形片在多种工况条件下的适用性，图 3-19 表示锥形片结构在其他工况（图 3-12 工况 1~4）的流动传热性能。由图 3-19a 可以看出，4 种工况下，管壁温沿程分布均较平缓，无传热恶化现象，此外，与图 3-12 中 4 种工况下光管壁温相比，锥形片在 4 种工况下均可显著降低壁温。图 3-19b 表示锥形片管在 4 种工况下的综合传热性能，可以看

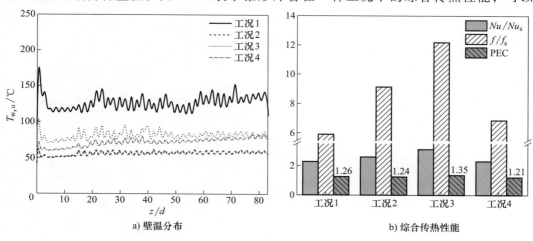

a）壁温分布　　　　　　　　　　b）综合传热性能

图 3-19　锥形片结构在其他工况的流动传热性能

出，锥形片在 4 种工况下 PEC 因子均在 1.2 以上，说明锥形片在较宽范围的工况下均可以保证较高的综合传热性能。

3.2 非均匀加热管内 S-CO$_2$ 传热恶化机理

非均匀加热边界条件对大管径管道内 S-CO$_2$ 流动传热特性影响显著，且该边界条件广泛存在，如燃煤锅炉冷却壁管道、太阳能槽式集热器管道等。鉴于此，本节通过试验与数值模拟相结合的方式阐述非均匀加热管内 S-CO$_2$ 的传热性能。

3.2.1 非均匀加热管的试验测试方法

非均匀加热与均匀加热管的试验系统一致，但试验测试段设计不同。非均匀加热试验测试段及测温截面布置如图 3-20a 所示，试验测试段总长度为 2500mm，其中两极板间的加热段长度为 1100mm，上下游均设置 700mm 的绝热段以消除管路弯头等对试验测试段流动传热的影响。为实现管道的非均匀加热，采用电镀技术，在高热流侧半周电镀厚度为 0.15mm 银层，由于银的电阻率远小于 SS304 不锈钢，采用电加热时通过银层的电流将远高于不锈钢管，使得镀银侧加热功率高于另一侧，从而实现管壁的周向非均匀热流[66]，如图 3-21 所示。

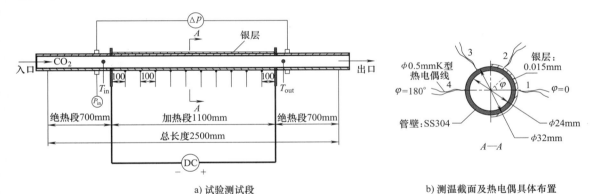

a) 试验测试段   b) 测温截面及热电偶具体布置

图 3-20 非均匀加热试验测试段设计

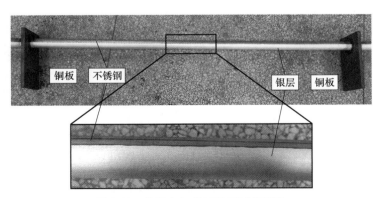

图 3-21 非均匀加热试验测试段照片

为测量非均匀加热管沿程的传热性能，在加热段外表面等间距布置 10 个测温截面，相邻截面间距为 100mm，测温采用 0.5mm 的 OMEGA K 型热电偶，测温截面及热电偶具体布置如图 3-20b 所示。由于非均匀加热管周向温度不均匀，需要在周向布置多个热电偶测量周向温度分布，考虑到对称性，仅在 $\varphi = 0 \sim 180°$ 范围布置热电偶。由于镀银边界（$\varphi = 90°$）附近温度梯度大，较小的安装误差就会导致较大的温度测量误差，应避免在此处布置热电偶，因此本试验测试段在 $\varphi = 0°$，$60°$，$120°$，$180°$ 位置布置 4 个热电偶，热电偶采用电容冲击焊固定在管壁上。考虑到热电偶难以直接焊接在银层表面，因此镀银侧的测点处需要先开设一个直径为 1mm 的小孔，露出内部的不锈钢管壁，然后将热电偶焊接在小孔底部不锈钢表面。考虑到银层热导率较大，且银层很薄，银层内外温差可以忽略，热电偶测得温差可看作镀银侧外壁温。与均匀加热类似，热电偶焊接完成后，根部采用耐高温玻璃丝套管绝缘，然后用玻璃丝带结扎以防止热电偶脱落。最后，为保证试验测试段管道的热平衡，管壁外部包裹 100mm 厚的耐高温硅酸铝保温棉，保温棉外部采用锡纸胶带固定以减小辐射散热。试验测试段的进出口温度采用 K 型铠装热电偶测量，入口压力和压差分别用压力传感器和压差传感器测量。

3.2.2　数值模型对非均匀加热管的试验验证

需指出，试验测试仅能定性地实现管道的周向非均匀加热，难以精确控制管道的周向热流密度分布，从而无法实现实际工程中的热边界条件，需要借助数值方法模拟实际工况中的非均匀加热管道。因此，首先通过试验数据，验证数值模型的可靠性。数值模型及尺寸与试验测试段完全一致（图 3-20）。湍流模型同样选用 SST k-ω 模型，入口采用质量流量入口，给定质量流速与入口温度，出口为压力出口，加热段不锈钢区域与银层区域分别给定恒定的内热源 S_{steel} 与 S_{silver}，分别由下式计算：

$$S_{\text{silver}} = \frac{Q}{A_{\text{silver}} L} \frac{R_t}{R_{\text{silver}}}$$

$$S_{\text{steel}} = \frac{Q}{A_{\text{steel}} L} \frac{R_t}{R_{\text{steel}}} \tag{3-16}$$

式中，A 为横截面面积；R_t 为总电阻；下标 silver 与 steel 分别代表银层与不锈钢区域；L 为加热段长度；Q 为试验测试段总加热量[⊖]。

延长段管道无内热源，整个管道外壁面均为绝热壁面。

选取典型工况对比试验与数值模拟结果（图 3-22），虽然 S-CO$_2$ 吸热管的正常运行工况往往为高温高压大质量流速，但考虑到启停过程及特殊情况，同样考查了近临界压力、低质量流速及低入口温度工况，主要工况选取如下：工况 1 为高压工况，且入口温度远高于拟临界温度，此时 S-CO$_2$ 流动传热特性与实际工况类似，无传热恶化，如图 3-22a 所示；工况 2 为高压工况，但入口温度低于拟临界温度，入口附近有轻微传热恶化，如图 3-22b 所示；工况 3 为高压大质量流速高热流密度工况，入口温度低于拟临界温度，无传热恶化，如图 3-22c 所示；工况 4 为近临界压力、大质量流速高热流密度工况，入口温度低于拟临界温

⊖ 习惯叫法，实为单位时间加热量，即加热功率，单位为 W，余同不再赘述。

度，发生了比较严重的传热恶化现象，如图 3-22d 所示。

图 3-22 表示 4 种工况下 $\varphi=0°$（高热流密度侧）与 $\varphi=180°$（低热流密度侧）管外壁沿程温度分布。值得注意的是，由于内壁最高热流密度 q_{max} 需要将试验数据处理后得到，试验中很难控制，因此图 3-22 中同样表示各工况管内壁的周向平均热流密度 q_{ave}。可以看出，在对比的 4 个工况中，数值模拟预测的 $\varphi=0°$ 与 $\varphi=180°$ 位置外壁温与试验测量值基本一致，其中，80% 以上的数值模拟数据与试验值的偏差小于 15%，且变化趋势一致，说明 SST k-ω 模型在非均匀加热工况的传热预测中同样具有较高的精度。

由上述 4 种工况的壁温分布可以看出，当入口温度高于拟临界温度时（工况 1），管内不会发生传热恶化，这是由于管内 S-CO_2 进入纯类气相的单相流动，不会发生特殊的传热现象。相近热流密度与质量流速的情况下，入口温度低于拟临界温度时（工况 2），管内则出现传热恶化现象，但值得注意的是，即使在传热恶化区域，工况 2 的壁温水平仍远低于工况 1，说明类液相的传热高于类气相。对于高压、大质量流速工况（工况 3），即使在高热流密度下（$q_{max}=196.9\ kW\cdot m^{-2}$），管内传热模式仍然是正常传热，壁温沿程无明显峰值现象。而对于近临界压力工况（工况 4），相近质量流速与热流密度下，高热流密度侧（$\varphi=0°$）呈现较明显的传热恶化现象，壁温在 $L=0.3\ m$ 附近达到峰值，但此时低热流密度侧（$\varphi=180°$）无明显的壁温上升，表现出正常传热特性，导致传热恶化位置产生较大的周向温差。

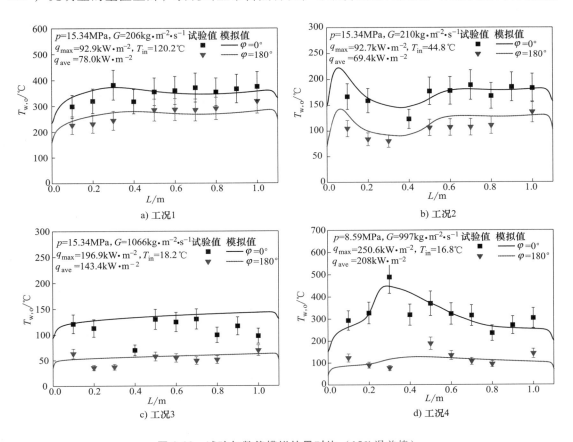

a) 工况1　　b) 工况2　　c) 工况3　　d) 工况4

图 3-22　试验与数值模拟结果对比（15% 误差棒）

3.2.3 非均匀加热管内 S-CO$_2$ 传热机理

本节以实际工况下燃煤锅炉冷却壁内 S-CO$_2$ 传热特性为例，采用 SST k-ω 模型阐述大质量流速下非均匀加热竖直向上管内 S-CO$_2$ 传热特性及发生机制。非均匀加热竖直向上流动 S-CO$_2$ 圆形管物理模型示意图如图 3-23a 所示，材质为不锈钢 316L，它的热导率（λ_s，单位为 W·m^{-1}·K^{-1}）计算式为

$$\lambda_s = 12.189 + 0.0153 T_s \tag{3-17}$$

式中，T_s 为固体温度，单位为℃。

数值计算中重力方向设置为垂直于入口面且与流动方向相反，以实现竖直向上流动。计算区域分为绝热段（L_{iso}）和加热试验段（L_{heated}）两部分，其中绝热段的加入是为了防止入口效应对计算结果的影响，即保证加热试验段入口处 S-CO$_2$ 完全处于充分发展状态。管道横截面处的周向结构如图 3-23b 所示，其中 d_i 为管道内径，d_o 为管道外径，s 为管道节距，α 为管道周向角度。根据非均匀热流密度分布，将管道顶部热流密度最高处定义为管道顶部上母线（α 为 0°），而将底部定义为下母线（α 为 180°），竖直向上圆管的特征几何参数及数值如表 3-2 所示。

表 3-2 竖直向上圆管的特征几何参数及数值

特征几何参数	d_i/mm	d_o/mm	s/mm	L_{iso}/d_i	L_{heated}/d_i
数值	38	49.2	78	79	263

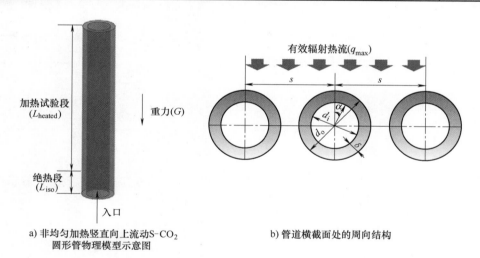

a) 非均匀加热竖直向上流动S-CO$_2$ 圆形管物理模型示意图　　b) 管道横截面处的周向结构

图 3-23 非均匀加热条件下竖直向上圆管示意图

针对锅炉炉膛燃烧有效辐射热流在冷却壁管外壁面非均匀分布的特点，引入视角系数（φ）定量计算外部有效辐射热流密度沿管道外壁面周向的分布，它的定义式为

$$\varphi = \frac{q_{local}}{q_{max}} \tag{3-18}$$

式中，q_{local} 为光管外管壁周向特定点处热流密度。

根据理论推导，光管外管壁周向特定点处热流由向火侧投射热流密度（q_1）及背火侧

反射热流密度（q_2）两部分组成，两者之间的关系为

$$\beta_q = \frac{q_1}{q_2} = \frac{e}{\sqrt{e^2-1} - \arctan\sqrt{e^2-1}} \tag{3-19}$$

式中，$e = s/d_o$。

同理，光管外管壁周向特定点处视角系数也由向火侧视角系数（φ_1）及背火侧视角系数（φ_2）两部分组成。以向火侧为例，其视角系数 φ_1 计算式为

$$\begin{cases} 当\ 0 \leqslant \alpha \leqslant \dfrac{\pi}{2},\ \varphi_1 = \dfrac{1}{2}\left[1+\sin(\alpha+\alpha_1+\alpha_2)\right] \\ 当\ \dfrac{\pi}{2} < \alpha < \alpha_{max},\ \varphi_1 = \dfrac{1}{2}\left[1+\sin(\alpha+\alpha_1+\pi-\alpha_2)\right] \\ 当\ \alpha_{max} < \alpha \leqslant \pi,\ \varphi_1 = 0 \end{cases} \tag{3-20}$$

式中，周向角度 α_{max} 为单侧辐射热流盲区临界角度，如图 3-24 所示。

α_1、α_2 计算式为

$$\begin{cases} \alpha_1 = \arcsin\dfrac{r}{\sqrt{(s-r\sin\alpha)^2+(r\cos\alpha)^2}} \\ \alpha_2 = \arcsin\dfrac{s-r\sin\alpha}{\sqrt{(s-r\sin\alpha)^2+(r\cos\alpha)^2}} \end{cases} \tag{3-21}$$

由此可得向火侧视角系数 φ_1 沿管外壁周向分布值。同理，可得 φ_2 沿管外壁周向分布值。向火侧、背火侧两者热流叠加则可得管外壁周向特定点处非均匀热流密度分布值：

$$q_{local} = q_{max}(\varphi_1 + \beta_q\varphi_2) \tag{3-22}$$

针对表 3-2 所示圆管的特征几何参数，视角系数 φ、向火侧分量 φ_1、背火侧分量 $\beta_q\varphi_2$ 沿外管壁周向分布如图 3-25 所示。通过自编程（user-difined function，UDF）将以上计算内容导入商用计算代码以获取管道外壁面非均匀热流边界条件。

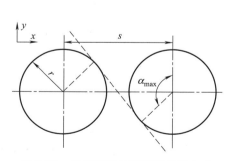

图 3-24　单侧辐射热流盲区临界角度

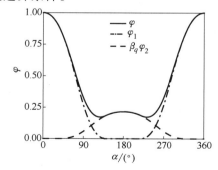

图 3-25　视角系数 φ、向火侧分量 φ_1、背火侧分量 $\beta_q\varphi_2$ 沿外管壁周向分布

基于文献[67-69]，大质量流速与小质量流速临界值约为 $1000\text{kg}\cdot\text{m}^{-2}\cdot\text{s}^{-1}$。为讨论大质量流速时非均匀加热管内 S-CO$_2$ 局部位置特殊传热现象（传热恶化/强化）及其产生机制，设置 2 组对比工况：①对比基于 NIST 真实气体模型的有重力与无重力工况以研究重力作用

下浮升力的影响；②对比变物性与常物性、无重力的工况以研究密度变化引起的热加速效应的影响。不同非均匀加热特征工况传热特性对比如图 3-26 所示。非均匀加热 S-CO₂ 强变物性导致上母线处发生 2 个不同的传热恶化区域，而在下母线处则出现传热强化区域（E-F-G 区域）。其中，第一传热恶化区域（A-B-C 区域）内壁面温升波动很剧烈，第二传热恶化区域壁面温升则较为温和。此外，从图 3-26b 中可知，浮升力、热加速效应对非均匀加热时的上母线附近的传热特性都有显著影响，而在下母线附近的影响则较小。

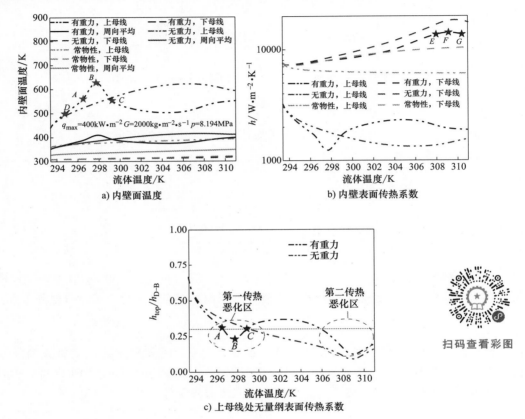

a) 内壁面温度 b) 内壁表面传热系数

c) 上母线处无量纲表面传热系数

图 3-26 不同非均匀加热特征工况传热特性对比

注：点 A、B、C 分别为上母线第一个传热恶化区域的开始点、极值点、消失点，流体温度分别为 296.53K、297.75K、298.88K；点 D 为有/无重力的分界点，点 D 的流体温度为 294.77K；点 E、F、G 分别为下母线处传热强化区域特征点，流体温度依次为 307.99K、309.17K、310.43K。

对比图 3-26a 所示上母线处不同工况下的传热特性可知，在 D 点（$T_{b,D} = 294.77K$）处由于密度变化产生的浮升力引起传热恶化，进而导致内壁面温度开始出现明显的上升，且在靠近上游的 B 点（$T_{b,B} = 297.75K$）达到内壁面温度极大值，而无重力工况的内壁面温度上升较平缓，且极大值也出现于靠近下游的拟临界点附近。进一步，由图 3-26b 和 c 中有、无重力工况可知，浮升力效应的存在促进了上母线处的第一传热恶化区的发生，而对第二传热恶化区的发生则影响较小。对比分析图 3-26 中无重力下的变物性、常物性工况可知，热加速效应（flow acceleration）使得上母线处壁温上升，加剧上母线处传热恶化。需指出，上母线处的第二传热恶化区域形成机制较统一，这主要是因为第二传热恶化区域处于拟临界点附近，此时 S-CO$_2$ 的 Pr 较高，使得该区域内应用 Dittus-Boelter 公式计算所得表面传热系数较大，从而导致无量纲表面传热系数出现了明显的第二传热恶化区域。

针对下母线处的传热特性，由图 3-26 可知，尽管 3 种工况的下母线处内壁面温度基本重叠，但其表面传热系数绝对值仍存在一定程度的区别。对比图 3-26b 中不同工况在 E-F-G 区域的表面传热系数可知，对于在拟临界点附近出现的传热强化，重力的存在削弱传热强化效应，而物性变化的存在则增强传热强化效应。

基于单相流体模型的湍流场分析法，针对非均匀加热时上母线处第一传热恶化区（A-B-C 区域），图 3-27 表示其近壁面区域内湍流场分布。如图 3-27a 所示，对比无重力下的常物性、变物性工况可知，热加速效应使得轴向速度有一定程度的增加，也使得湍动能有一定程

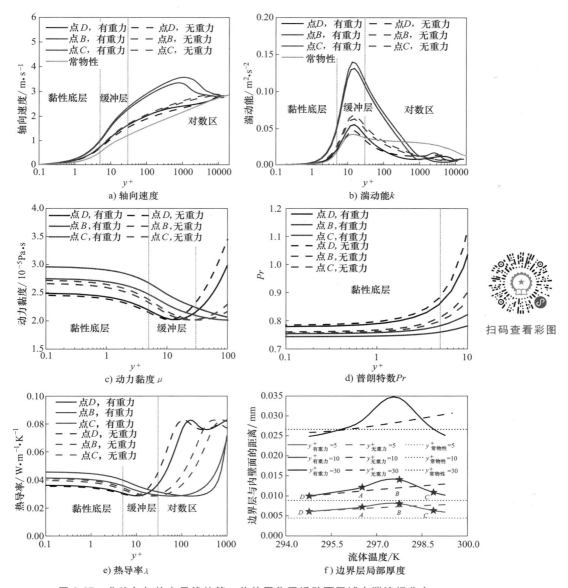

图 3-27　非均匀加热上母线处第一传热恶化区近壁面区域内湍流场分布

度增加，如图 3-27b 所示。同时，对比变物性时的有重力、无重力工况可知，重力导致的浮升力使得轴向速度型线在点 B、C 处变形成为 "M" 形，使得湍动能产生较大增幅。这主要是因为在竖直向上流动的加热工况下，当不考虑重力而只考虑物性变化时，近壁面区域 S-CO_2 温度最早开始升高而密度则降低，根据质量守恒，此时 S-CO_2 轴向速度增加，在如图 3-27a 所示的黏性底层、缓冲层引起较大的速度梯度，因此在该边界层区域内剪切应力增加，进而湍动能出现一定增强；当进一步考虑重力时，由于近壁面区域流体密度远小于中心主流区，因此近壁面区域产生较强的浮升力效应，使得近壁面区域 S-CO_2 轴向速度大幅增加而超过中心主流区轴向速度，呈现 "M" 形速度型线，因此在 $y^+ < 400$ 的较大近壁面区域范围内均有较大的速度梯度，使得该区域内湍动能出现大幅增强。

需指出，在小质量流速工况下，传热恶化取决于湍动能的大小，尤其是缓冲层内湍动能的大小，即当湍动能较小时出现传热恶化[17]。然而，从图 3-27b 可以看出，在大质量流速下，在传热恶化最显著的点 B，湍动能仍然处于相对较高的水平，因此小质量流速下传热恶化形成机理并不适用于大质量流速工况。对比分析湍流场分布，可知大质量流速下传热恶化主要与黏性底层在局部位置上增厚引起热阻增加有关。

首先，从图 3-27 中所示的点 D 至点 B 的传热恶化发展区可知，随着轴向速度增加，黏性底层内黏度也增加较大，导致黏性底层在该局部位置逐渐增厚，如图 3-27f 所示。同时，黏性底层内热导率、Pr 虽然从点 D 到点 B 有一定程度的增加，但相比于其他近壁面区域整体仍然较小，因此黏性底层内热扩散性能仍然整体较差。尽管此时湍动能有一定程度的增加，但是增厚的黏性底层及其较差的热扩散性能使得湍动能的有益作用并不明显。其次，从图 3-27 中所示的点 B 至点 C 的传热恶化恢复区可知，由于此时黏度降低，黏性底层的厚度开始减小。同时，Pr 有一定程度的增加，而热导率则出现一定程度的降低，但两者整体上仍然处于较低的水平，因此点 B 至点 C 的传热恶化恢复区虽然黏性底层内热扩散能力仍然较差，但逐渐变薄的黏性底层使得近壁面区域流体的热阻明显降低。缓冲层内点 C 处的湍动能比点 B 处有一定增加且仍然处于较高水平，这表明近壁面区域缓冲层内热扩散能力仍然较强。因此，综合点 D 至点 B 的传热恶化发展区及点 B 至点 C 的传热恶化恢复区分析结果可知，大质量流速下的传热恶化主要与局部位置处黏性底层的厚度相关，而黏性底层的厚度则主要取决于黏度的分布特性。

图 3-28 表示非均匀加热时下母线处传热强化区的湍流场分布。在小质量流速工况下，传热强化则取决于近壁面区域尤其是缓冲层附近比定压热容的大小[19,24]。从图 3-28 可以看出，当传热强化在点 F 处具有最强效果时，在近壁面区域的关键物性中，只有比定压热容整体处于极大值；而热导率则整体相差不多，同时黏性底层的厚度尽管整体较小，但在点 F 处时处于非极小值。因此，可以得出大质量流速工况下，传热强化与小质量流速工况一样，仍然取决于近壁面区域，尤其是缓冲层附近比定压热容的大小。

基于上述关于大质量流速下非均匀加热传热特性研究可知，相比于文献中研究较多的小质量流速工况，大质量流速下传热恶化形成机制存在一定的不同，它主要取决于黏度作用下局部位置处黏性底层的厚度，而非小质量流速下缓冲层内的湍动能强度。黏性底层的增厚主要与局部位置处轴向速度和黏度有关，而轴向速度则取决于密度。同时，大质量流速下传热强化则与小质量流速相同，均取决于近壁面区域尤其是缓冲层附近比热容的大小。

44

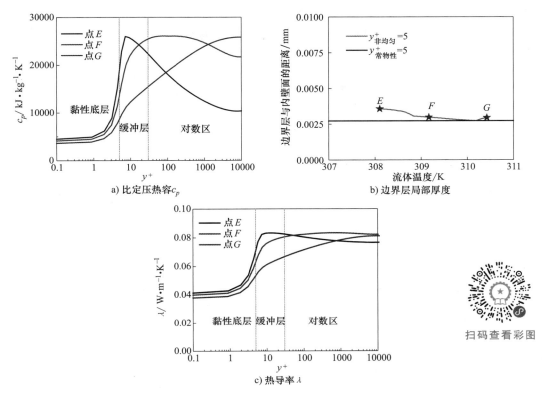

图 3-28　非均匀加热时下母线处传热强化区的湍流场分布

扫码查看彩图

3.2.4　非均匀加热 S-CO$_2$ 传热新关联式

由于对非均匀加热 S-CO$_2$ 局部传热恶化起决定性作用的是黏性底层的局部厚度，而黏性底层的厚度又与流体黏度、流体密度引起局部轴向速度分布变化相关。因此，在非均匀加热局部传热恶化处传热计算的物性修正中应充分考虑流体黏度、流体密度的影响。通过引入相应的物性无量纲参数（μ_w/μ_b、ρ_w/ρ_b），拟合得到如下新的 S-CO$_2$ 局部最高温度处传热计算关联式：

$$Nu = 0.0061 Re_b^{0.904} \overline{Pr_b}^{0.684} \left(\frac{\rho_w}{\rho_b}\right)^{0.564} \left(\frac{\mu_w}{\mu_b}\right)^{-0.184} \tag{3-23}$$

S-CO$_2$ 非均匀加热单管道上母线附近出现传热恶化，而在下母线处则出现传热强化现象。因此，周向平均传热需考虑传热恶化、传热强化及从传热恶化到强化的过渡区。

非均匀加热 S-CO$_2$ 第一传热恶化区（A-B-C）、传热强化区（E-F-G）温度分布如图 3-29 和图 3-30 所示。发现第一传热恶化区（A-B-C）、传热强化区（E-F-G）横截面处温度分布整体较相似：由于上母线处流体传热性能较低，只有较薄的一层流体被加热到较高温度，而中心主流区仍有大部分流体处于较低温度。这主要是因为周向热流分布不均匀导致的，同时横截面上流体混合程度低，使得近壁区流体温度、壁面温度沿周向整体差别较大。此外，在上母线到下母线的周向过渡区域，可以看到近壁面区域流体温度分布也出现较大不同，周向近壁面区域的流体由于加热导致密度降低，使得它的周向各处轴向速度也呈现较大不同。

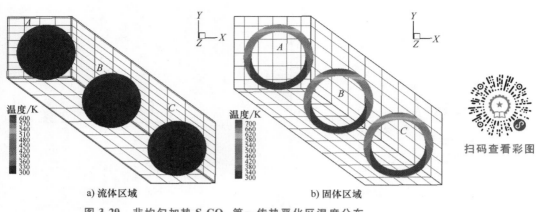

扫码查看彩图

a) 流体区域　　　　　　　　b) 固体区域

图 3-29　非均匀加热 S-CO$_2$ 第一传热恶化区温度分布

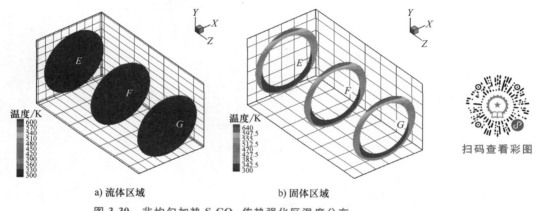

扫码查看彩图

a) 流体区域　　　　　　　　b) 固体区域

图 3-30　非均匀加热 S-CO$_2$ 传热强化区温度分布

因此，发展非均匀加热的周向平均传热新关联式需要综合考虑以下因素：①上母线处的传热恶化的影响，其中起决定性作用的是黏性底层的局部厚度，而黏性底层的厚度又与流体黏度、流体密度引起局部轴向速度分布变化相关；②下母线处传热强化的影响，其中起决定性作用的是近壁面区域尤其是缓冲层附近比定压热容的大小；③横截面流体温度的周向不均匀分布的影响，可以采用横截面平均热加速因子表征；④非均匀热流沿周向的分布特性，可采用无量纲周向平均热流表征。由此，得到新的周向平均传热计算关联式：

$$Nu = 0.0044 Re_b^{0.904} \overline{Pr_b}^{0.684} \left(\frac{\rho_w}{\rho_b}\right)^{0.564} \left(\frac{\mu_w}{\mu_b}\right)^{-0.184} \left(\frac{\overline{c_p}}{c_{p,b}}\right)^{-0.005} (q^+)^{-0.0598} \left(\frac{\overline{q_{ave}}}{q_{max}}\right)^{0.252} \quad (3-24)$$

3.3　小　　结

通过数值模拟与试验方式阐述了均匀与非均匀加热条件下，大管径、宽工况范围竖直管内 S-CO$_2$ 的传热特性，引入超临界类沸腾理论与湍流场分析方法，讨论了大管径竖直管内 S-CO$_2$ 的传热恶化机理，发展了加热工况下 S-CO$_2$ 高精度传热预测模型，并有针对性地介绍了传热恶化的抑制措施，主要结论如下：

1）试验运行参数对管内 S-CO$_2$ 的传热特性影响较大，管径越大、热流密度越高、质量流速越低，管内越容易发生传热恶化。同时，增大热流密度或降低质量流速会导致传热恶化点向低焓值区移动，提高压力可以抑制传热恶化的发生。SST k-ω 模型可以较准确地模拟均匀与非均匀加热条件下大管径竖直管内 S-CO_2 的传热特性，误差在±15%以内。引入超临界类沸腾原理，基于亚临界沸腾与超临界加热工况的流态比拟，定义了超临界流体的类核态沸腾与类膜态沸腾，用于指导传热恶化的抑制。通过数值模拟结果与类气膜受力分析可知，界面力、惯性力与浮升力共同作用下引起的局部类气膜增厚是导致传热恶化的主要原因。

2）超临界流体的强化传热需同时考虑传热恶化的抑制，为实现稳定的类核态沸腾，通过数值模拟阐述了 5 种典型强化结构对传热恶化的抑制性能。结果表明，横向沟槽与内螺纹管无法打破类气膜的发展，从而无法从根本上防止传热恶化；横向矩形肋与两种纵向涡发生器均可创建稳定的类核态沸腾，避免传热恶化，但横向矩形肋阻力过大，综合传热性能较低；锥形片结构综合传热性能最高，适用于较宽范围工况，且安装方便，可作为均匀加热条件下抑制大管径竖直管内传热恶化的强化构型。

3）非均匀加热及大质量流速下的 S-CO_2 即使处于强制对流区域，重力作用对传热的影响仍然十分显著，重力作用使得上母线处传热恶化提前出现，而热加速效应则使得上母线处传热恶化增强。与小质量流速下 S-CO_2 传热恶化产生机理不同，大质量流速下的 S-CO_2 传热恶化主要取决于局部位置处黏性底层的厚度，主要与该位置处的黏度及密度的变化有关，而并非缓冲层内的湍动能强度。此外，大质量流速下传热强化则与小质量流速类似，均取决于近壁面区域尤其是缓冲层附近流体的比定压热容值。

第4章

非均匀加热管流-热-力多场耦合评价与优化

由于超临界流体本身具有高温高压的特性，其加热管道的机械性能与热安全性对于超临界流体的工程应用非常重要。目前超临界流体的加热管主要面临两大热安全性问题：①传热恶化导致的壁温飞升，使管壁材料屈服强度下降，导致超温爆管；②管壁的非均匀加热导致周向温差，进而导致严重的热应力，引发管壁材料的应力失效与破坏，必须采取有效的措施，以降低管壁的热应力与总应力。关于传热恶化机理与抑制措施，在第3章已进行了详细阐述，本章将主要讨论非均匀加热管的热应力与总应力。

文献主要采用有限体积法耦合有限元法（FVM-FEM）对管内热应力与机械应力进行分析[29]，该方法被证明具有较高的精度，但计算过程主要依赖于商业软件且计算量较大，不便于工程应用，需要建立快速预测热应力与总应力的方法。特别对于强非均匀加热工况，若采用传统的解析解法[70]和半经验模型法[71]将产生较大的误差，必须发展适用于非均匀加热管的高精度热应力与总应力预测方法。此外，为了降低管壁热应力与总应力，提升受热面的热安全性能，需要有针对性地发展强化管型。但是，一方面强化传热往往伴随着阻力增加，强化结构需要综合考虑流动阻力，另一方面由于强化结构往往会导致局部曲率半径过小，极易引发机械应力集中，因此需要对管内强化结构开展流-热-力多场耦合研究。

基于上述问题，本章首先对三种典型的非均匀加热管道，即 S-CO$_2$ 燃煤发电系统的锅炉冷却壁管（以下简称 S-CO$_2$ 冷却壁管）、超临界水（supercritical water，SW）燃煤发电系统的锅炉水冷壁管（以下简称 SW 冷却壁管）及以 S-CO$_2$ 为工质的槽式太阳能集热器的吸热管（以下简称 S-CO$_2$ 太阳能吸热管）进行热流固耦合分析，讨论非均匀加热管内热应力与温度分布的影响规律，进一步介绍评价管内热应力的热偏差因子（thermal deviation factor，TDF）与评价总应力的广义热偏差因子（generalized thermal deviation factor，GTDF），快速评价非均匀加热管道管壁热应力与总应力，避免传统的热流固耦合分析，便于工程应用。基于 TDF 与 GTDF，对非均匀加热管道进行热流固耦合优化，引入适用于多种非均匀加热工况的高效低阻的新型强化管型，显著降低热应力与总应力，并防止应力集中。

4.1 非均匀加热管型

锅炉炉膛冷却壁管示意如图 4-1 所示。管内工质为竖直向上流动（图 4-1a）。管束一侧为向火侧，被炉内高温火焰加热，另一侧为背火侧，因此，锅炉炉膛冷却壁管为典型的非均匀加热边界条件。由于锅炉炉膛内的主要传热方式为辐射传热，对流传热仅占总传热量的 5.5%[72]，火焰对冷却壁管的加热可简化为一个有效辐射热流，如图 4-1b 所示，冷却壁管的最大热流位于圆管的上母线（$\varphi = 0°$）处。

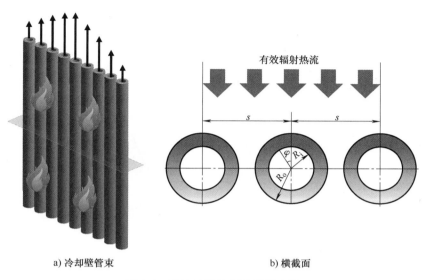

a) 冷却壁管束　　　　　　　b) 横截面

图 4-1　锅炉炉膛冷却壁管示意图

　　槽式太阳能集热器示意图如图 4-2 所示。集热器由反光镜、吸热管及玻璃套管组成，其中玻璃套管与吸热管为同心圆布置，其间的环形空间为真空，以减小吸热管的热损失。吸热管水平放置，内部为水平流动的 $S\text{-}CO_2$（图 4-2a）。如图 4-2b 所示，入射的太阳光经反光镜反射后汇聚在吸热管的底部，因此，太阳能吸热管上最大热流位于吸热管下母线（$\varphi = 180°$）附近。

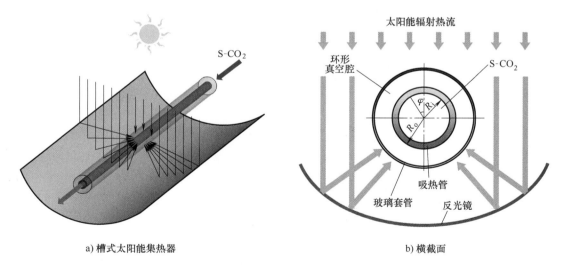

a) 槽式太阳能集热器　　　　　　　b) 横截面

图 4-2　槽式太阳能集热器示意图

　　本章探讨 1000MW 级 $S\text{-}CO_2$ 燃煤发电系统的锅炉冷却壁管和 1000MW 级 SW 燃煤发电系统的锅炉水冷壁管，具体运行工况可分别见文献 [50] 和文献 [73]。对于太阳能集热器，选取工程中应用较多的 LS-3 集热器作为对象，太阳直接辐射强度（direct normal irradiance,

DNI）取 $1000W \cdot m^{-2}$[29]。锅炉炉膛冷却壁管与太阳能吸热管的周向热流密度分布如图4-3所示。

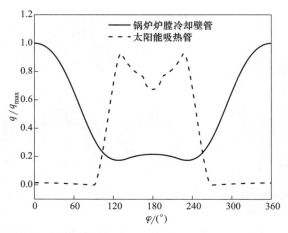

图 4-3　锅炉炉膛冷却壁管与太阳能吸热管的周向热流密度分布

4.2　三种非均匀加热管壁应力分布规律

为考查不同热流密度分布及管内工质对管壁内温度及应力分布的影响，分析 S-CO₂ 冷却壁管、SW 冷却壁管及 S-CO₂ 太阳能吸热管三种典型的非均匀加热管型内的温度及应力分布。图4-4 表示三种非均匀加热管道壁面的温度分布，三种非均匀加热管均展现较为明显的温度不均匀分布特征。对比三种管道的温度分布可以看出，由于 S-CO₂ 发电系统的锅炉冷却壁入口温度（540℃）[31] 高于传统超临界水发电系统的锅炉的入口温度（350℃）[73]，S-CO₂ 冷却壁管壁温明显高于 SW 冷却壁管。此外，由于相同质量流速下 S-CO₂ 在管内的表面传热系数低于超临界水，S-CO₂ 冷却壁管的周向温差可达约200℃，远高于传统 SW 冷却壁管的周向温差（约为100℃）。对于 S-CO₂ 太阳能吸热管，由于其最大热流密度较小，因此周向温差相对较小，约为50℃。

图4-5 表示三种非均匀加热管道壁面热应力分布，可以看出，由于温度的不均匀分布，三种管道壁面均产生了较大的热应力（σ_t）。对比管壁热应力分布与温度分布情况可以看出，最大热应力发生在最高壁温处，即最高热流处的外壁面。需要注意的是，最低热应力则出现在管子中部（$\varphi = 90°$附近），该处的管壁温与该截面的平均温度相近，即 $T = T_{ave}$，低温侧和高温侧均存在较大的热应力。

三种非均匀加热管道壁面总应力分布如图4-6所示，由于机械应力（σ_m）沿周向均匀分布，三种管道内总应力分布与热应力分布类似。与热应力不同的是，由于机械应力的最大值位于管内壁，总应力在内壁面附近明显高于热应力。对于 S-CO₂ 冷却壁管（图4-6a），在上母线附近，外壁面的总应力明显大于内壁面，该现象说明 S-CO₂ 冷却壁管内的总应力受热应力主导，因此，在对管型进行优化时，应主要减小管壁热应力以提升管道的安全性。而在 SW 冷却壁管上母线附近和 S-CO₂ 太阳能吸热管下母线附近，内壁面应力仅稍低于外壁面应力，说明在这两种管道内，热应力和机械应力对总应力的贡献几乎相当。需要注意的是，管壁内的机械应力为周向均匀分布，且可通过解析解求得，因此下面主要讨论管壁热应力的分布规律。

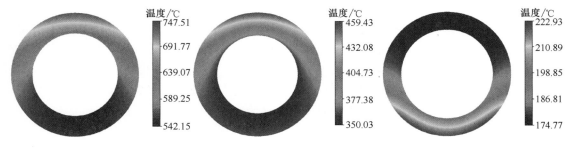

a) S-CO_2冷却壁管   b) SW冷却壁管   c) S-CO_2太阳能吸热管

图4-4 三种非均匀加热管道壁面的温度分布

扫码查看彩图

51

a) S-CO_2冷却壁管   b) SW冷却壁管   c) S-CO_2太阳能吸热管

图4-5 三种非均匀加热管道壁面热应力分布

扫码查看彩图

a) S-CO_2冷却壁管   b) SW冷却壁管   c) S-CO_2太阳能吸热管

图4-6 三种非均匀加热管道壁面总应力分布

扫码查看彩图

为更加直观地了解管内热应力的分布规律，图 4-7 表示三种非均匀加热管道中心线处 $(R=(R_i+R_o)/2)$ 热应力沿周向分布规律。为便于分析，图中将温度高于截面平均温度（即 $T>T_{ave}$）的部分定义为热侧，$T<T_{ave}$ 部分定义为冷侧。可以明显看出，在三种管道内，等效热应力 $\sigma_{t,eq}$ 在上母线处（$\varphi=0°$）达到极大值，然后随着 φ 的增大而减小，并在 $T=T_{ave}$ 处达到极小值。对于 S-CO$_2$ 和 SW 冷却壁管，等效热应力在经过 $T=T_{ave}$ 位置后逐渐升高，并在下母线处（$\varphi=180°$）达到极大值，而对于 S-CO$_2$ 太阳能吸热管，热应力则在热流密度最高处达到极大值。由于几何和边界条件的对称性，热应力在 $\varphi=180°\sim360°$ 具有相同的分布规律。此外，对于三种管道，热应力的最大值均出现在热侧热流密度最高点，这是由高热流密度产生的局部高温度梯度所导致。

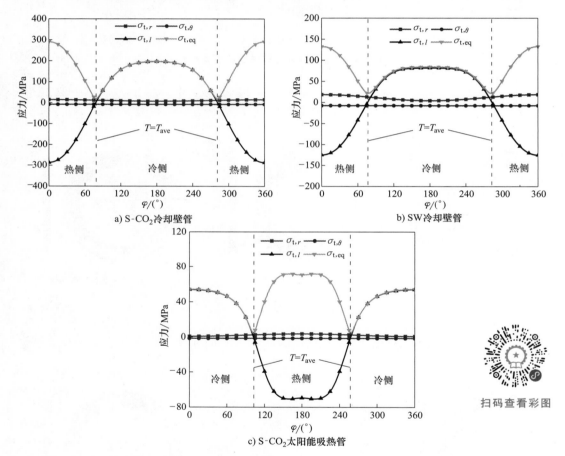

图 4-7　三种非均匀加热管道中心线处热应力沿周向分布规律

注：下标 r、θ、l 分别代表径向、切向、轴向。

对比热应力在三个主方向的分量可以看出，径向热应力 $\sigma_{t,r}$ 与切向热应力 $\sigma_{t,\theta}$ 值远小于轴向热应力 $\sigma_{t,l}$，且等效热应力 $\sigma_{t,eq}$ 的值与轴向热应力 $\sigma_{t,l}$ 的绝对值近似。因此，在讨论的三种非均匀加热管道中，等效热应力是由轴向热应力主导，而径向与切向热应力可以忽略。此外，轴向热应力 $\sigma_{t,l}$ 在 $T>T_{ave}$ 时为压应力，$T<T_{ave}$ 时为拉应力，而在 $T=T_{ave}$ 附近轴向热应力的值为 0。

扫码查看彩图

4.3 热应力与总应力的快速评价准则

4.3.1 管壁热应力分布与温度分布的关系

通过上述分析可知，热应力总是在管壁局部温度与截面平均温度值 T_{ave} 相等时达到极小值，因此可以推断，热应力与 $|T-T_{ave}|$ 的值密切相关。为了更直观地表示热应力与 $|T-T_{ave}|$ 的关系，在管道截面上取 6 （径向）×24 （切向）个特征点，三种非均匀加热管道内特征点的热应力随局部温度的变化如图 4-8 所示。可以看出，热应力在 $T=T_{ave}$ 附近达到极小值，在 $T=T_{max}$ 时达到极大值。此外，热应力的分布与 $|T-T_{ave}|$ 吻合较好，特别是在应力较大的区域，两者分布趋势几乎完全重合，可以得到，热应力与 $|T-T_{ave}|$ 几乎成正比。因此，$|T-T_{ave}|$ 可以用于判断单根非均匀加热管壁热应力的大小。

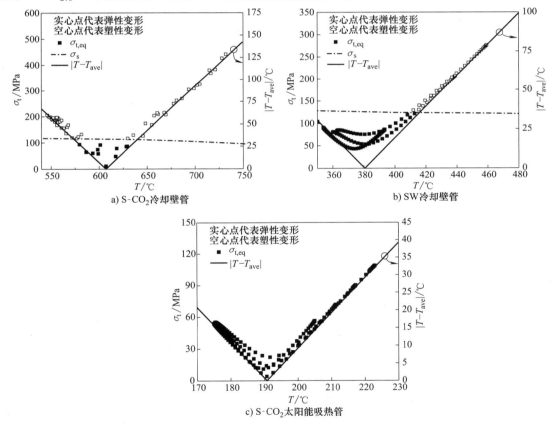

a) S-CO$_2$冷却壁管

b) SW冷却壁管

c) S-CO$_2$太阳能吸热管

图 4-8 三种非均匀加热管道内特征点的热应力随局部温度的变化

σ_s—屈服应力

$|T-T_{ave}|$ 代表管壁温度的不均匀度，或者局部位置温度相对于截面平均温度的偏差。由于最高壁温和平均温度可由经验关联式[24,74] 计算，因此，相对于传统结构分析，$|T-T_{ave}|$ 可以更加方便快速地预测热应力。需要注意的是，$|T-T_{ave}|$ 只能用于预测单根管内局部热应力的大小，不能用于对比不同管道或者同种管道不同工况下的热应力，此外，$|T-T_{ave}|$ 只能

预测热应力的大小，而无法判断管壁是否发生塑性变形。因此，若要快速准确地预测热应力并判断管壁是否发生塑性变形，则需要发展新的评价准则。

由于热应力是由轴向应力主导，且与$|T-T_{ave}|$近似成正比，此外，由图 4-7 的分析可知，轴向热应力 $\sigma_{t,l}$ 在 $T<T_{ave}$ 时为正值（拉应力），因此，轴向热应力与 $(T_{ave}-T)$ 近似成正比。考虑到热应力主要是由材料中相邻单元的变形不同导致的[75]，与材料的热膨胀系数 α 及弹性模量 E 紧密相关，因此，图 4-9 表示三种非均匀加热管道内轴向热应力 $\sigma_{t,l}$ 与 $\alpha E(T_{ave}-T)$ 的关系，可以看出，轴向热应力与 $\alpha E(T_{ave}-T)$ 成正比且两者比值为 1，因此，轴向热应力可由下式计算：

$$\sigma_{t,l} = \alpha E(T_{ave}-T) \tag{4-1}$$

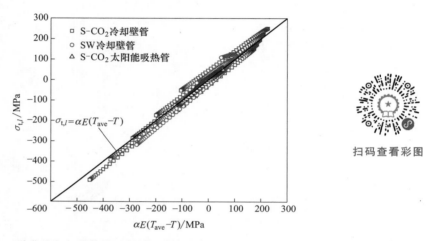

图 4-9 三种非均匀加热管道壁面轴向热应力 $\sigma_{t,l}$ 与 αE $(T_{ave}-T)$ 的关系

扫码查看彩图

4.3.2 评价管壁热应力的热偏差因子（TDF）

根据第四强度理论（最大畸变能理论），当材料内的 Von Mises 等效应力 σ_{eq} 大于屈服应力 σ_s 时，材料发生塑性变形，反之则发生弹性变形[70]。材料的塑性变形是不可逆的，严重的塑性变形将导致材料的应力失效与破坏，在实际工程中应当避免。由于等效热应力 $\sigma_{t,eq}$ 与轴向热应力 $\sigma_{t,l}$ 的绝对值近似相等，而轴向热应力可由式（4-1）计算，因此，为判断材料是否发生塑性变形，本节通过对热应力与屈服强度取比值，提出一个新的评价准则——热偏差因子评价准则，定义式为[76]

$$TDF = \frac{|T-T_{ave}|}{T_s} \tag{4-2}$$

其中，

$$T_s = \frac{\sigma_s}{\alpha E} \tag{4-3}$$

式中，σ_s 为屈服应力，它是温度的函数；α 为热膨胀系数；E 为弹性模量；T_s 为表征屈服应力 σ_s 的特征温度，具有温度的量纲。它的值与相应温度下的屈服应力 σ_s 的大小相关。

因此，TDF 为管壁内相对于平均温度的无量纲温度偏差，代表了管壁内局部位置的热应力与屈服强度的比值，可用于评价材料在温度载荷作用下是否发生塑性变形。图 4-10 表示三种非均匀加热管道壁面 $\sigma_{t,eq}/\sigma_s$ 随 TDF 变化，很显然，$\sigma_{t,eq}/\sigma_s$ 与 TDF 几乎相等，证明了 TDF 可以用于评价管壁局部热应力与屈服强度的比值，此外，三种加热管道壁面的 $\sigma_{t,eq}/\sigma_s$ 随 TDF 变化吻合较好，说明 TDF 可用于多种非均匀加热管道在多种边界条件下的热应力预测。当 TDF>1 时，热应力高于屈服应力，此时材料在热应力作用下发生塑性变形，反之则发生弹性变形，因此，TDF 可以方便快捷地判断管壁在热应力作用下是否发生塑性变形。

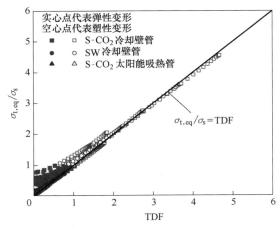

扫码查看彩图

图 4-10　三种非均匀加热管道壁面 $\sigma_{t,eq}/\sigma_s$ 随 TDF 变化

图 4-11 表示三种非均匀加热管道壁面的 TDF 分布，对比三种管道壁面的热应力分布（图 4-5）可以看出，TDF 分布与热应力分布规律几乎一致，进一步证明了 TDF 可以用于非均匀加热管道壁面的热应力评价。

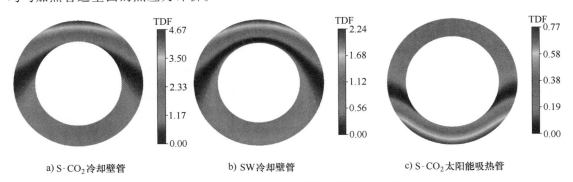

a) S-CO_2 冷却壁管　　　　　b) SW 冷却壁管　　　　　c) S-CO_2 太阳能吸热管

图 4-11　三种非均匀加热管道壁面 TDF 分布

4.3.3　评价管壁总应力的广义热偏差因子（GTDF）

扫码查看彩图

根据图 4-7 的分析可知，等效热应力由轴向热应力主导，而径向与切向的热应力可以忽略。对于机械应力，由于管内压力垂直于管道内壁面，对于轴向应力几乎没有作用，因此，轴向的机械应力可以忽略。而对于径向与切向的机械应力，可分别通过式（4-4）与式（4-5）进行求解：

$$\sigma_{\mathrm{m},r}=\frac{pR_i^2}{R_o^2-R_i^2}\left(1-\frac{R_o^2}{R^2}\right) \tag{4-4}$$

$$\sigma_{\mathrm{m},\theta}=\frac{pR_i^2}{R_o^2-R_i^2}\left(1+\frac{R_o^2}{R^2}\right) \tag{4-5}$$

热应力与机械应力在三个主方向的分量遵循叠加原理，即管内总应力在三个主方向的分量分别为热应力与机械应力在相应主方向分量的代数和，因此，管内的等效总应力 $\sigma_{\mathrm{c,eq}}$ 可由下式计算：

$$\sigma_{\mathrm{c,eq}}=\sqrt{\sigma_{\mathrm{m},r}^2+\sigma_{\mathrm{m},\theta}^2+\sigma_{\mathrm{t},l}^2-\sigma_{\mathrm{m},r}\sigma_{\mathrm{m},\theta}-\sigma_{\mathrm{m},\theta}\sigma_{\mathrm{t},l}-\sigma_{\mathrm{t},l}\sigma_{\mathrm{m},r}} \tag{4-6}$$

联立式（4-1）、式（4-4）、式（4-5）与式（4-6）可得，总应力 $\sigma_{\mathrm{c,eq}}$ 的计算公式为

$$\sigma_{\mathrm{c,eq}}=\alpha E\sqrt{(M+T-T_{\mathrm{ave}})^2+3M^2N^2} \tag{4-7}$$

其中，M、N 是为了简化总应力表达式引入的变量，定义式为

$$M=\frac{pR_i^2}{\alpha E(R_o^2-R_i^2)} \tag{4-8}$$

$$N=\frac{R_o^2}{R^2} \tag{4-9}$$

为评价管壁内是否发生塑性变形，即判断总应力是否大于屈服强度，对总应力 $\sigma_{\mathrm{c,eq}}$ 与屈服强度 σ_{s} 求比值，提出广义的热偏差因子，定义式为[77]

$$\mathrm{GTDF}=\frac{\sqrt{(M+T-T_{\mathrm{ave}})^2+3M^2N^2}}{T_{\mathrm{s}}} \tag{4-10}$$

GTDF 为表征总应力与屈服强度比值的无量纲参数，相比于 TDF，GTDF 引入了压力边界条件与几何参数来考虑机械应力的影响。图 4-12 表示三种非均匀加热管道壁面等效总应力与屈服强度的比值 $\sigma_{\mathrm{c,eq}}/\sigma_{\mathrm{s}}$ 随 GTDF 的变化，可以看出，$\sigma_{\mathrm{c,eq}}/\sigma_{\mathrm{s}}$ 与 GTDF 几乎相等，证明 GTDF 可以用于评价管壁内总应力与屈服强度的比值。当 GTDF>1 时，此时材料发生塑性变形，反之，则发生弹性变形。

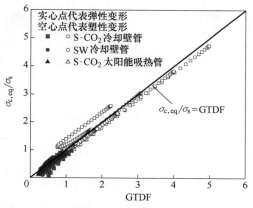

扫码查看彩图

图 4-12　三种非均匀加热管道壁面等效总应力与屈服强度的比值 $\sigma_{\mathrm{c,eq}}/\sigma_{\mathrm{s}}$ 随 GTDF 的变化

图 4-13 表示三种非均匀加热管壁面 GTDF 分布，通过与总应力分布（图 4-6）对比可以

看出，在大多数区域内，GTDF 分布与总应力分布吻合较好，说明 GTDF 可以用于管壁内总应力的评价。同时，GTDF 分布与总应力分布在小部分区域也存在一些区别，由图 4-6b 与图 4-6c 可以看出，在管道热侧（SW 冷却壁管顶部 $\varphi = 0°$ 处与 S-CO$_2$ 太阳能吸热管底部 $\varphi = 180°$ 处），外壁面的总应力仅稍高于内壁面，但此处外壁面 GTDF 明显高于内壁面。这是由于 GTDF 代表总应力与屈服强度的比值，内壁面由于温度较低，屈服强度较高，因此内壁面的 GTDF 小于外壁面，说明管道的塑性变形更易发生在外壁面温度较高处，该现象解释了外部加热管道中应力失效与破坏通常始于外壁面的原因，尽管某些工况下外壁面热应力略小于内壁面。因此，相对于总应力，GTDF 可以更加直观有效地预测管壁是否发生塑性变形。

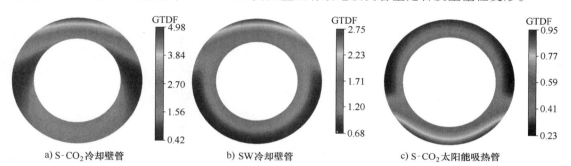

a) S-CO$_2$冷却壁管　　　　　b) SW冷却壁管　　　　　c) S-CO$_2$太阳能吸热管

图 4-13　三种非均匀加热管壁面 GTDF 分布

扫码查看彩图

在实际工程中，最大热应力与最大总应力是评价管道热安全性的重要指标之一，因此，最大 TDF 与最大 GTDF 的预测非常重要。由图 4-11 与图 4-13 可以明显看出，最大 TDF 与最大 GTDF 均出现在外壁面最高壁温处，在此处，$T = T_{max}$ 且 $R = R_o$，此时，根据式（4-9）可知，$N = 1$，则 TDF$_{max}$ 与 GTDF$_{max}$ 的计算公式分别为

$$TDF_{max} = \frac{T_{max} - T_{ave}}{T_s} \tag{4-11}$$

$$GTDF_{max} = \frac{\sqrt{(M + T_{max} - T_{ave})^2 + 3M^2}}{T_s} \tag{4-12}$$

由式（4-8）可知，当管道几何参数与管内工作压力确定后，M 为常数，T_s 可由材料的屈服强度根据式（4-3）计算。T_{max} 与 T_{ave} 可由传热经验关联式计算获得，可以看出，TDF$_{max}$ 只与温度参数有关，而 GTDF$_{max}$ 与温度、几何参数和工况参数有关，在工况给定后，TDF$_{max}$ 与 GTDF$_{max}$ 可以通过上述方程快速求解得到，而不需要通过 FVM-FEM 方法进行传统的热流固耦合分析，显著减少了计算量，方便工程应用。

4.4　管内布置强化结构优化非均匀加热管

要提升非均匀加热管的热安全性，需降低管道的 TDF$_{max}$ 与 GTDF$_{max}$。根据式（4-11）与式（4-12）可知，当流体工况与管道几何参数给定时，要降低 TDF$_{max}$ 与 GTDF$_{max}$，一方面需要减小（$T_{max} - T_{ave}$），即降低周向温度分布的不均匀性；另一方面需要提升 T_s 的值，即降低最高壁温。

基于 TDF 与 GTDF 的非均匀加热管优化思路，下面讨论在管内布置强化结构的方法，增强管内表面传热系数，以降低最高壁温。为了在强化传热的同时进一步降低周向温度分布的不均匀性，采用两种典型的强化方法：①在管内插入扭曲带，产生旋转流动，使得低温侧温度较低的流体旋转至高温侧，从而使周向温度更均匀；②在高温侧布置强化结构，强化高温侧的对流传热同时降低管壁的最高温度。

4.4.1 强化管模型介绍

光管及强化管物理模型示意如图 4-14 所示，采用的两种典型的强化方法为：①在管内插入扭曲带（图 4-14b），产生旋转流动，使得低温侧温度较低的流体旋转至高温侧，从而使周向温度更均匀；②在高温侧布置强化结构，强化高温侧对流传热，同时降低管壁最高温度。对于强化结构的选择，丁胞结构由于其传热性能好、阻力低的特性，目前被广泛应用于各种领域的强化传热[78]，相对于凸起的丁胞，凹坑的丁胞结构具有较高的综合传热性能[79,80]，因此在高温侧采用半周凹坑的丁胞作为强化结构，如图 4-14c 所示。

a) 光管   b) 在管内插入扭曲带   c) 在高温侧布置(半周凹坑的丁胞强化结构)

图 4-14　光管及强化管物理模型示意

4.4.2 丁胞管的结构优化——椭球丁胞管

传统球形丁胞结构由于其本身曲率半径较小，用作高压条件下的强化结构时易产生应力集中现象，因此，首先对半周强化球形丁胞管的机械应力分布进行考核，如图 4-15a 所示。可以看出，球形丁胞区域出现了明显的应力集中现象，应力水平远高于材料的屈服强度，这种应力集中将导致管内局部裂纹，从而产生破坏。为避免该应力集中的发生，考虑增大应力集中区域的局部曲率半径，使原来的球形丁胞变为椭球丁胞，同时在丁胞面与内壁面过渡采用半径为 0.5mm 的圆角过渡，以防止尖角处局部应力过大。椭球丁胞管的机械应力分布如图 4-15b 所示，可以看出，椭球丁胞显著缓解了丁胞区域的应力集中现象，满足工程实际需求。

a) 半周强化球形丁胞管的机械应力分布　　　b) 椭球丁胞管的机械应力分布　　　扫码查看彩图

图 4-15　丁胞结构优化

4.4.3　强化管型的流动传热特性

图 4-16 表示 S-CO₂ 冷却壁管中，流体温度 $T_f = 540℃$、压力 $p = 35MPa$、质量流速 $G = 1800kg \cdot m^{-2} \cdot s^{-1}$ 时，光管、内插扭曲带、球形丁胞管与椭球丁胞管四种管型的温度分布，为了同时展示管内外壁面的温度分布，图中只显示 $z = 0 \sim 15mm$ 区间的温度分布。可以看出，三种强化管型均可显著降低管外最高壁温，最高壁温从 737℃ 降至 700℃ 以下，从而一定程度地满足冷却壁材料的最高使用温度要求[81]。此外，由于三种强化管增强了管内流体扰动，管壁低温侧温度也有一定程度的升高，从而进一步降低了管壁周向温度分布不均匀性，降低了管壁的热应力。

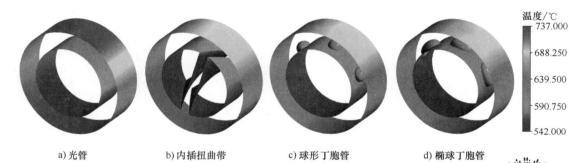

a) 光管　　b) 内插扭曲带　　c) 球形丁胞管　　d) 椭球丁胞管

图 4-16　四种管型温度分布

扫码查看彩图

图 4-17 表示四种管型 PEC 随 Re 变化，可以看出，三种强化管的 PEC 均大于 1，代表强化结构可以提升管子的综合传热性能。由于阻力较大，内插扭曲带管在三种强化管中综合传热性能最低，而对于两种丁胞管，椭球丁胞管在低雷诺数工况下的综合传热性能较高，而球形丁胞管在高雷诺数工况下的综合传热性能较高，这是由椭球丁胞管在高雷诺数下阻力较大导致的。

为进一步对比不同强化结构对管道热安全性提升与阻力增加的影响，图 4-18 表示四种管型 TDF_{max} 与 $GTDF_{max}$ 随压力梯度 ∇p 的变化。可以看出，光管与内插扭曲带管中，TDF_{max} 与 $GTDF_{max}$ 随 ∇p 的变化趋势几乎一致，该现象说明，内插扭曲带管对管道热安全性的提升主要是通过牺牲压降来实现的，因此，除某些需要极高传热能力的极端工况外，不推荐采用内插扭曲带。而两种丁胞管可以在相同压降下显著降低 TDF_{max} 与 $GTDF_{max}$，说明这两种管型可以在有限压降范围内，提升管道热安全性。而相同压降下，

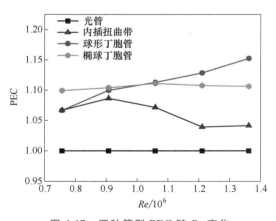

图 4-17　四种管型 PEC 随 Re 变化

椭球丁胞管具有最低的 TDF_{max} 与 $GTDF_{max}$，说明椭球丁胞管具有最优的综合传热性能，同时考虑到椭球丁胞管可以有效防止高压工况下的应力集中，因此推荐采用椭球丁胞管作为非均匀加热管的强化管型。

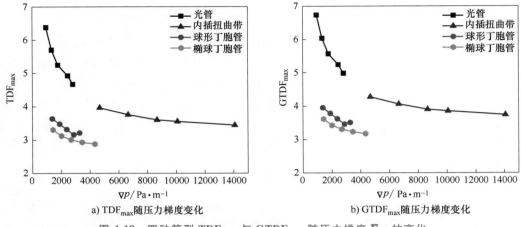

a) TDF$_{max}$随压力梯度变化　　　　　b) GTDF$_{max}$随压力梯度变化

图 4-18　四种管型 TDF$_{max}$ 与 GTDF$_{max}$ 随压力梯度 ∇p 的变化

4.4.4　强化管型的应力分布特性

　　四种管型壁面热应力分布如图 4-19 所示，可以看出，由于强化管降低管壁温度的同时降低了管壁温度的周向不均匀性，因此三种强化管壁面热应力水平均有显著下降，特别是上母线与下母线附近区域的热应力。由于椭球丁胞管的传热性能在三种强化管中最优，椭球丁胞管的热应力水平也低于其他三种管型，相比于光管，椭球丁胞管的最大热应力降低了28.7%。需要注意的是，三种强化管中，上母线处的热应力仍大于屈服应力，代表此处发生了塑性变形。但是，塑性变形只发生在外壁面附近极小区域内，管壁大多数区域应力水平均在弹性变形范围内，这种情况下，管壁内部的弹性变形区域将会约束管壁表面小范围塑性变形的发展，此时管壁材料并不会发生破坏，因此，在实际工程应用中，小范围的塑性变形是允许的[82]。

Von Mises等效应力/MPa
440.83
332.63
224.43
116.23
8.03

a) 光管　　　b) 内插扭曲带　　　c) 球形丁胞管　　　d) 椭球丁胞管

图 4-19　四种管型壁面热应力分布

扫码查看彩图

　　图 4-20 表示四种管型在温度载荷和压力载荷共同作用下的总应力分布，可以看出，由于强化管降低了管内热应力，总应力水平也显著降低，特别是管道上母线附近区域的总应力。三种强化管内大部分区域总应力水平可降至材料屈服强度之下，但需要注意的是，传统球形丁胞管的丁胞区域附近出现了明显的应力集中，如图 4-20b 所示，这是由于球形丁胞本身曲率半径较小，在内部压力载荷的作用下造成

的（见图 4-15a 的讨论）。采用椭球丁胞管后，该应力集中现象可以显著缓解，因此，椭球丁胞管可以显著降低丁胞区域的总应力。由于椭球丁胞管的热应力水平最低，它的总应力也低于其他三种管型，相比于光管，椭球丁胞管可使最大总应力降低 30.8%。

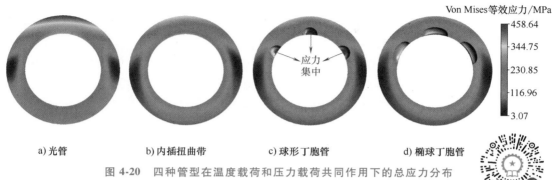

a) 光管　　　b) 内插扭曲带　　　c) 球形丁胞管　　　d) 椭球丁胞管

图 4-20　四种管型在温度载荷和压力载荷共同作用下的总应力分布

扫码查看彩图

图 4-21 与图 4-22 分别表示四种管型的 TDF 与 GTDF 分布，可以看出，三种强化管型壁面 TDF 与 GTDF 明显低于光管，通过与图 4-19 及图 4-20 对比可以看出，四种管型壁面 TDF 与 GTDF 分布分别与热应力和总应力的分布规律吻合较好，说明 TDF 与 GTDF 可以有效预测管内热应力与总应力的大小。但需要注意的是，GTDF 虽然

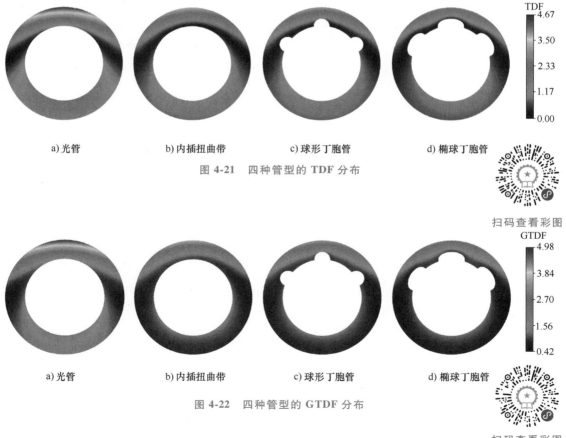

a) 光管　　　b) 内插扭曲带　　　c) 球形丁胞管　　　d) 椭球丁胞管

图 4-21　四种管型的 TDF 分布

扫码查看彩图

a) 光管　　　b) 内插扭曲带　　　c) 球形丁胞管　　　d) 椭球丁胞管

图 4-22　四种管型的 GTDF 分布

扫码查看彩图

引入了机械应力预测，但无法预测丁胞结构附近的应力集中，这是由于 GTDF 中机械应力的计算是基于光管进行的。对于实际工程应用中，局部的机械应力集中可以通过降低局部小曲率半径结构来避免，例如将球形丁胞改为椭球丁胞。除应力集中区域外，GTDF 可以较精确地预测其他区域的总应力，特别是管道外壁面上母线附近最容易发生塑性变形的区域，即最大应力与 GTDF$_{max}$ 发生的位置，该区域应是工程设计中主要关注的区域。因此，GTDF 同样适用于强化管壁面总应力的预测。

综上所述，三种强化管不仅可以显著降低管壁温度，还可以显著降低管壁热应力与总应力。综合考虑三种强化管的流动传热性能，椭球丁胞管不仅综合传热性能最高，而且热应力与总应力水平最低，同时可以防止丁胞区域的应力集中，因此，椭球丁胞管具有最高的综合性能，推荐作为超临界流体非均匀加热管道的强化管型。此外，提出的 TDF 与 GTDF 不仅适用于光管，还适用于多种热边界条件下多种强化管型壁面热应力与总应力的预测与评价。TDF 与 GTDF 可以通过经验关联式计算而不需要复杂的结构分析，可用于工程中多种管型的快速评价，为管型的优化提供理论指导。

4.5 小　结

对三种典型的非均匀加热管道进行热流固耦合分析，获得管壁热应力的分布规律，引入了管壁热应力与总应力的快速评价准则，并针对不同热源耦合实际工况，对非均匀加热管道进行热流固耦合优化，介绍了降低周向热流不均匀性及管内布置强化结构的两种管型优化思路，主要结论如下：

1）对比了 S-CO$_2$ 发电系统燃煤锅炉冷却壁管在均匀与非均匀加热条件下的应力分布，发现周向温度梯度导致的热应力是造成应力失效与破坏的主要原因，非均匀加热条件下管壁应力受热应力主导，且热应力的三个分量中，轴向应力占主导地位，轴向热应力可通过 $\alpha E(T_{ave}-T)$ 计算。

2）介绍了基于温度参数评价热应力的热偏差因子（TDF）与评价总应力的广义热偏差因子（GTDF），分别表征热应力和总应力与屈服应力的比值，TDF>1 与 GTDF>1 分别表示材料在热应力与总应力作用下发生塑性变形，可直观判断管壁材料的安全性。TDF 与 GTDF 不仅适用于光管，还适用于多种热边界条件下多种强化管型的热应力与总应力的预测与评价，从而为管型的优化提供理论指导。

3）为强化管内表面传热系数并同时使周向温度分布均匀，考查内插扭曲带与半周强化丁胞管两种结构。内插扭曲带由于阻力过大，实际工程中不推荐采用，优化后带圆角的椭球丁胞可以显著降低丁胞区域的应力集中，并在讨论的强化管型中具有最高的综合传热性能，可以拓展应用于多种非均匀加热管道中以降低管壁热应力与总应力。

第5章

超临界二氧化碳冷却器类冷凝传热机理分析

为节省压缩机耗功以获得较高的循环效率，S-CO$_2$ 动力系统最低点参数（即冷却器出口参数）需设置在临界点（$T_{cr} = 31℃$，$p_{cr} = 7.38MPa$）附近。同时，S-CO$_2$ 动力系统在水冷和空冷条件下均可获得较高的循环效率。因此，S-CO$_2$ 冷却器具有两个典型特点：①管内 S-CO$_2$ 的冷却传热过程中伴随较强的物性变化；②管内 S-CO$_2$ 质量流速具有较宽的工作范围，即小质量流速适用于管外水冷，而大质量流速适用于管外空冷。然而 S-CO$_2$ 在近临界区域的特殊流动传热现象的内在机理仍然不明晰，尤其是对冷却工况下的超临界传热机理的研究较少，这使得目前 S-CO$_2$ 冷却传热关联式精度较低[83]。此外，目前 S-CO$_2$ 冷却传热的试验研究主要集中于小质量流速工况（$G \leqslant 1200kg \cdot m^{-2} \cdot s^{-1}$），而无法满足全工况范围下 S-CO$_2$ 冷却器的设计要求[84]。

本章主要阐述不同质量流速范围内的 S-CO$_2$ 冷却传热特性：①基于类多相流体模型的比拟法明晰惯性力、界面力和重力的分布对 S-CO$_2$ 冷却传热的作用机制；②基于所获得的 S-CO$_2$ 冷却传热机理，发展新的高精度计算关联式，并验证所获得的新关联式的计算精度。

5.1 S-CO$_2$ 冷却传热数值模型及类冷凝理论

5.1.1 S-CO$_2$ 冷却传热管物理模型及工况条件

在 S-CO$_2$ 冷却传热计算中，圆形冷却传热管几何结构如图 5-1 所示。S-CO$_2$ 冷却器常采用微型管壳式换热器（MSTE）构型[10]，因此，数值模型的圆管内径（d_i）取值为 6mm。该模型计算区域由三部分组成：上游的入口绝热段（$L_{ad,in}$）、中间的冷却传热段（$L_{cooling}$）和下游的出口绝热段（$L_{ad,out}$）。为避免入口及出口影响，$L_{ad,in}/d_i$ 和 $L_{ad,out}/d_i$ 的值均需大于 60，本章取值为 80。根据计算区域内重力参数的设置，S-CO$_2$ 流动方向可分为向上流动、

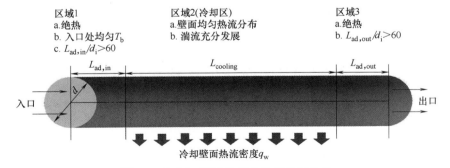

图 5-1　S-CO$_2$ 圆形冷却传热管几何结构

水平流动和向下流动。

类似采用 SST $k\text{-}\omega$ 模型数值模拟 S-CO_2 冷却传热特性，并采用商用计算代码内基于 NIST REFPROP 物性数据库[14] 的真实气体模型（real gas model）。根据 NIST 物性数据库的真实气体模型应用边界条件要求，管道入口设置为质量入口边界条件，而管道出口则设置为压力出口边界条件。计算区域的壁面上游的入口绝热段（$L_{ad,in}$）、下游的出口绝热段（$L_{ad,out}$）和中间的冷却传热段（$L_{cooling}$）边界条件详见文献［23］。

5.1.2 基于类多相流体模型的类冷凝理论

类冷凝理论指流体在亚临界冷凝流态与超临界冷却过程的比拟，如图 5-2 所示。基于超临界流体三相区模型，超临界类气相、类两相和类液相流体可分别比拟为亚临界过热蒸气、气液两相混合物（雾状流和环状流）和过冷液体。进一步地，超临界冷却过程可与亚临界冷凝过程中不同流态相比拟：①超临界冷却过程近壁面区域出现 T^+ 流体的状态可比拟为亚临界冷凝中的雾状流；②超临界冷却过程近壁面区域出现 T^- 流体，即出现类液膜，该状态可比拟为亚临界冷凝中的环状流。

针对类冷凝理论，超临界类冷凝过程中力平衡和能量平衡示意如图 5-3 所示。一般地，亚临界冷凝过程主要受界面力（F_s）、惯性力（F_i）和重力（F_g）三种力影响。超临界类冷凝理论中界面力（F_s）、惯性力（F_i）和重力（F_g）三种力的无量纲形式与类沸腾理论相近，详见本书 3.1.3 节。

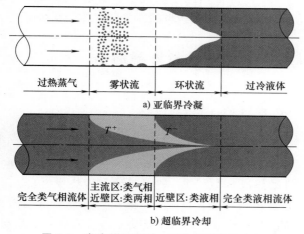

a) 亚临界冷凝

b) 超临界冷却

图 5-2 类冷凝示意图：亚临界冷凝流态与超临界冷却过程的比拟

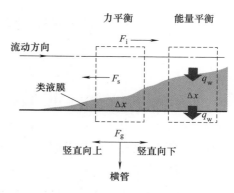

图 5-3 超临界类冷凝过程中力平衡和能量平衡示意

5.2 S-CO_2 冷却传热特性及机理

5.2.1 混合对流下 S-CO_2 冷却传热特性及机理

下面主要讨论小质量流速（$G = 200\text{kg} \cdot \text{m}^{-2} \cdot \text{s}^{-1}$ 且 $q = -33\text{kW} \cdot \text{m}^{-2}$）下重力方向对 S-$CO_2$ 冷却传热特性的影响。从图 5-4 可以看出，当流体温度（T_b）远大于 T_{pc} 时，重力方向

对 S-CO$_2$ 冷却传热的影响较小；当 T_b 位于 T_{pc} 附近时，周向平均表面传热系数（h_{ave}）开始显著增大出现传热强化，同时 h_{ave} 在不同重力方向下的分布仍较相似，但水平流动状态的上母线和下母线处局部表面传热系数则呈现出较大差别；当 T_b 远小于 T_{pc} 时，h_{ave} 值从小到大依次为竖直向下流动、水平流动和竖直向上流动。

基于类冷凝理论，将图 5-4 中 S-CO$_2$ 冷却传热与文献［85］中亚临界冷凝进行类比分析。从三相区域划分法可知，超临界区域的类液相、类两相和类气相可由特征温度 T^+ 和 T^- 确定，因此通过分析特征温度 T^+ 和 T^- 分布可获得超临界冷却过程不同流态分布。图 5-5 定量展示工况 1 参数及不同方向下特征温度 T_{pc}、T^+ 和 T^- 在近壁面区域沿程分布特性。从图 5-5a 可以看出，在 S-CO$_2$ 冷却工况下，近壁面区域内局部流体温度在 1.42m 处开始低于 T^+，此时超临界冷却过程可类比为亚临界冷凝中的雾状流。此时类两相区内潜热开始释放，随着在 1.42～2.28m 区间内近壁区局部流体温度逐渐靠近 T_{pc}，近壁面区域 S-CO$_2$ 的比定压热容逐渐增大而引起较大的潜热释放，导致图 5-4 中所示表面传热系数的升高。而在 2.28m 处，c_p 较大的 T_{pc} 流体逐渐远离近壁面区域，即近壁区类两相区流体潜热释放速率降低；同时近壁面区域黏性底层内流体温度整体小于 T^-，意味着此时黏性底层内出现类液相流体层，即类液膜。这意味超临界冷却传热从类似于雾状流的状态开始过渡到具有稳定液膜的环状流状态，因此在 2.28m 处出现了如图 5-4 中所示表面传热系数的极大值而后开始下降。在 2.90m

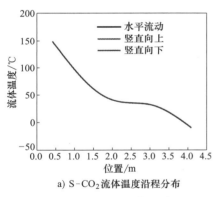

a) S-CO$_2$流体温度沿程分布

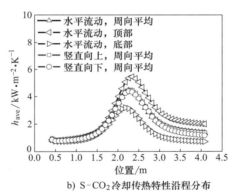

b) S-CO$_2$冷却传热特性沿程分布

扫码查看彩图

图 5-4　$G = 200\text{kg} \cdot \text{m}^{-2} \cdot \text{s}^{-1}$ 且 $q = -33\text{kW} \cdot \text{m}^{-2}$（工况 1）下 S-CO$_2$ 冷却传热特性

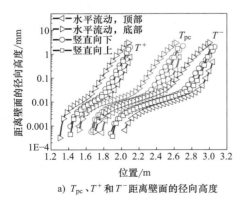

a) T_{pc}、T^+ 和 T^- 距离壁面的径向高度

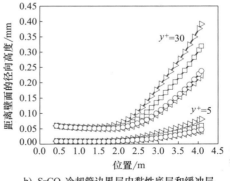

b) S-CO$_2$冷却管边界层内黏性底层和缓冲层厚度的轴向沿程分布特性

扫码查看彩图

图 5-5　工况 1 参数及不同方向下特征温度 T_{pc}、T^+ 和 T^- 在近壁面区域沿程分布特性

处，当黏性底层和缓冲层内流体 T_b 均小于 T^- 时，近壁面区域内主要为较厚的类液膜，因此在 2.90m 以后表面传热系数变化较小且整体处于较低的水平。图 5-5b 表示工况 1 参数下 S-CO_2 冷却管边界层内黏性底层和缓冲层厚度的轴向沿程分布特性，可以看出，在 2.28m 以后，边界层厚度由于开始出现类液膜而明显增加。

为揭示界面力、惯性力和重力的影响，图 5-6 表示工况 1 参数下无量纲数 Bo 和 We^* 的沿程分布。可知，惯性力随着冷却过程中 S-CO_2 密度的增加而降低，因此重力和界面力的作用则逐渐增大。图 5-6a 表明 Bo 在 1.4m 以后超过了临界值，此时重力对传热的影响不可忽略；而图 5-6b 表明 We^* 在 1.9m 前基本保持不变，而后开始大幅增加，因此界面力在 1.9m 处开始出现，且在 1.9m 后对传热的影响逐渐增强。

图 5-7 为工况 1 参数下管道沿程不同位置处速度分布，它表示采用密度进行表征的管道

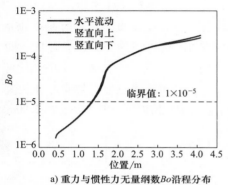
a) 重力与惯性力无量纲数 Bo 沿程分布

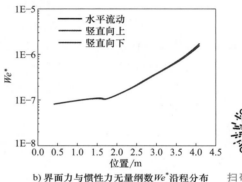
b) 界面力与惯性力无量纲数 We^* 沿程分布

扫码查看彩图

图 5-6 工况 1 参数下无量纲数 Bo 和 We^* 的沿程分布

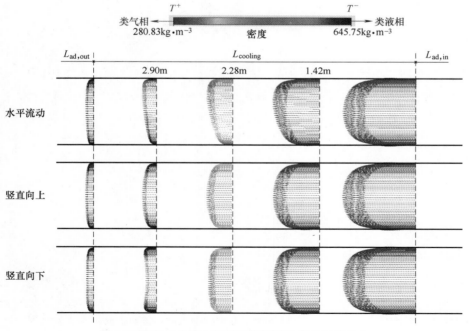

图 5-7 工况 1 参数下管道沿程不同位置处速度分布

扫码查看彩图

注：1.42m、2.28m、2.90m 分别为传热强化开始点、最大点、消失点；另两个位置为测试段入口和出口。

沿程特征位置处速度分布以探究重力影响。在测试段入口处，不同重力方向管道内 S-CO$_2$ 速度型线均呈现抛物线型，即在入口处已经为充分发展湍流。而在 1.42~2.90m 的区间内，S-CO$_2$ 速度型线由于重力作用的增加而呈现较大差别。在水平流动管道内，类液相流体主要积聚在管道下母线处而在管道上母线处分布较少，导致下母线处表面传热系数较低而上母线处则较高。在竖直向上管道内，重力导致近壁区大密度流体减速而中心主流区流体加速；相反地，竖直向下管道内重力导致近壁区流体加速，因此在 2.90m 处 S-CO$_2$ 速度型线呈现 M 形分布。需注意，重力在竖直向上和竖直向下管道内的不同作用仅在 2.28m 后才呈现较大不同，这主要是因为重力主要作用于密度较大的类液膜，而稳定的类液膜仅在 2.28m 后才出现。

不同于重力，界面力的影响则主要作用于 1.90m 以后，即 T^- 流体（类液相流体）开始出现于近壁面区域后。需注意，We^* 在 1.90m 左右较小的值表明此时界面力仍远小于惯性力，此时不稳定分布的类液膜被惯性力破坏并进入中心主流区，类似于亚临界冷凝中的雾状流。然而，在 2.28m 处一层稳定的类液膜分布于管道近壁区，且在 2.28m 后逐渐增厚，类似于亚临界冷凝中的环状流。因此，较厚且稳定的类液膜引起的界面力导致管道下游传热强化的消失。

将超临界冷却中的类液膜形成类比于亚临界冷凝中的液膜，借助亚临界区域冷凝中控制单元的力分析理论以分析类液膜[23]，可知在工况 1 混合对流传热中，近壁面区域内 S-CO$_2$ 类液膜受力包括：重力、惯性力和从类气相转变为类液相引起动量变化而产生的界面力。其中，界面力主要控制类液膜的厚度，重力、惯性力则主要影响液膜的位移。同时，需指出，在 2.28m 附近的传热强化，主要是因为此时近壁面区域流体比热容增加，而使得其潜热释放量增加进而引起传热强化。

5.2.2　强制对流 S-CO$_2$ 冷却传热特性及机理

下面主要讨论大质量流速（$G=1200\mathrm{kg}\cdot\mathrm{m}^{-2}\cdot\mathrm{s}^{-1}$ 且 $q=-200\mathrm{kW}\cdot\mathrm{m}^{-2}$）下重力方向对 S-CO$_2$ 冷却传热特性的影响，结果如图 5-8 所示。h_{ave} 的沿程分布型线在不同重力状态下均较相似，水平管道上母线和下母线局部处表面传热系数也只存在较小的区别。

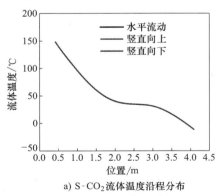

a) S-CO$_2$ 流体温度沿程分布

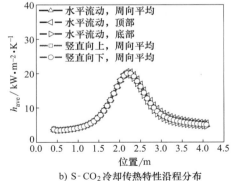

b) S-CO$_2$ 冷却传热特性沿程分布

扫码查看彩图

图 5-8　$G=1200\mathrm{kg}\cdot\mathrm{m}^{-2}\cdot\mathrm{s}^{-1}$ 且 $q=-200\mathrm{kW}\cdot\mathrm{m}^{-2}$（工况 2）参数下 S-CO$_2$ 冷却传热特性

针对大质量流速下 S-CO$_2$ 冷却传热分析，同样采用基于类多相流体模型的比拟法，将大质量流速下 S-CO$_2$ 冷却传热类比于文献［85］中亚临界状态电子氟化液 FC-27 在大质量流速工况下的冷凝传热。图 5-9 表示工况 2 参数及不同重力方向下特征温度 T_{pc}、T^+ 和 T^- 在近壁面区域沿程分布特性。整体来看，不同重力状态下各特征温度的分布均较相近。从图 5-9 可知，1.20m 处近壁面区域局部流体温度开始低于 T^+，此时类两相区潜热开始释放，即类似于亚临界冷凝中的雾状流。同时，潜热释放随着近壁区局部流体的比定压热容的增加而增加，进而引起如图 5-8 中所示表面传热系数的升高。在 2.20m 处，c_p 较大的 T_{pc} 流体逐渐远离近壁面区域，同时黏性底层内流体温度开始低于 T^-，说明近壁面区域内流体开始从类两相区的大比热流体转变为类液相区的低比热流体，即类似于亚临界冷凝中雾状流向环状流的转变。因此，如图 5-8 中所示，工况 2 下 S-CO$_2$ 冷却表面传热系数在 2.20m 处出现极大值；而在 2.20m 后，近壁区类液相流体层逐渐增厚，形成一层类液膜，S-CO$_2$ 冷却表面传热系数逐渐降低；在 2.80m 处，由于近壁面区域的黏性底层、缓冲层均充满类液相流体，即近壁面区域形成一层较厚的稳定的类液膜，此时 S-CO$_2$ 冷却表面传热系数整体处于较低水平且变化幅度较小。

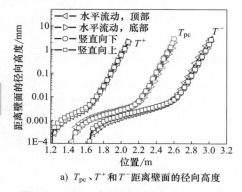

a) T_{pc}、T^+ 和 T^- 距离壁面的径向高度

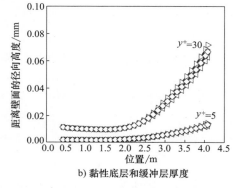

b) 黏性底层和缓冲层厚度

扫码查看彩图

图 5-9　工况 2 参数及不同重力方向下特征温度 T_{pc}、T^+ 和 T^- 在近壁面区域沿程分布特性

为定量分析工况 2 参数下界面力、惯性力和重力的影响，图 5-10 表示无量纲数 Bo 和 We^* 的沿程分布。类似于工况 1，工况 2 参数下惯性力也随着冷却过程中 S-CO$_2$ 密度的增加而降低。然而相比于工况 1 下 Bo 和 We^* 的沿程分布，工况 2 下 Bo 显著降低且远小于临界值 10^{-5}，但工况 2 下 We^* 的沿程分布则与工况 1 基本相同。因此，工况 2 参数下重力的作用大幅降低，而界面力仍具有较大影响。需注意，工况 2 参数下界面力在 1.6m 处出现随后逐渐增强。

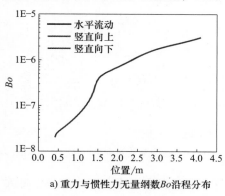

a) 重力与惯性力无量纲数 Bo 沿程分布

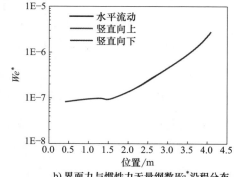

b) 界面力与惯性力无量纲数 We^* 沿程分布

扫码查看彩图

图 5-10　工况 2 参数下无量纲数表征的界面力、惯性力、重力沿程分布状态

同样地，图 5-11 表示采用密度进行表征的管道沿程特征位置处速度分布以探究重力影响。从图 5-11 可知，不同重力方向下的管道内 S-CO_2 速度型线相似，这表明工况 2 参数下重力对冷却传热的影响可以忽略。在测试段入口处，湍流充分发展的 S-CO_2 速度型线呈抛物线型，随着冷却过程中 S-CO_2 密度降低导致速度型线的抛物线扁平化。

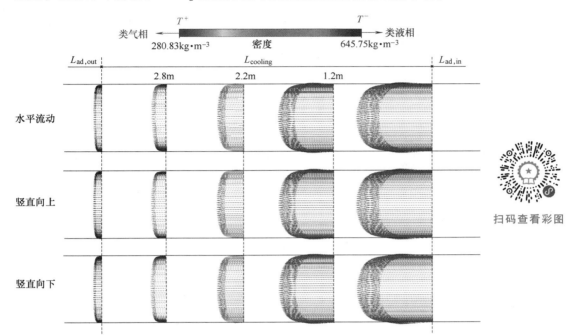

扫码查看彩图

图 5-11　工况 2 参数下管道沿程不同位置处速度分布
注：1.2m、2.2m、2.8m 分别为传热强化开始点、最大点、消失点；另两个位置为测试段入口和出口。

另一方面，工况 2 参数下界面力对 S-CO_2 冷却传热仍然具有较强影响。如图 5-9 所示，T^- 流体（类液相流体）在 1.6m 处出现，随后 We^* 开始增加（图 5-10）。在 1.6~2.2m 的区间内 We^* 值较低，界面力相比于惯性力仍较低。此时，S-CO_2 冷却类似于亚临界冷凝中的雾状流，即近壁面区域形成的液膜被较强的惯性力破坏而进入中心主流区。随后，近壁面区域出现稳定的 S-CO_2 类液膜且逐渐增厚，导致界面力逐渐增强，类似于亚临界冷凝中的环状流。此时，近壁面区域稳定且逐渐增厚的 S-CO_2 类液膜热阻较强，而导致 S-CO_2 冷却传热强化在管道下游消失。

根据类冷凝理论，工况 2 参数下传热强化与类两相流体潜热释放有关，而传热强化消失主要与近壁面区域类液膜存在有关。不同于工况 1 参数下近壁区类液膜形成机制，工况 2 参数下重力对近壁面区域类液膜的影响可以忽略，而界面力仍然对类液膜影响较大。

5.3　S-CO_2 冷却传热计算关联式

大部分超临界传热关联式是对经典对流传热计算关联式进行修正，大致可分为以下 3 类：①物性修正，它的主要形式为壁面区和主流区物性比值；②无量纲修正，它的主要形式为变物性下各种效应的无量纲准则式的变形；③分段函数修正，它的主要形式为引入以拟临

界点、壁面区和主流区的温度或焓值为特征量的分段函数。一般情况下，以上 3 种超临界传热关联式修正后的表达形式可概括为

$$Nu_b = c_1 Re_b^{c_2} Pr_b^{c_3} f(R) \tag{5-1}$$

式中，c_1，c_2，c_3 为常数；$f(R)$ 为修正因子。

因此，根据本书 5.2 节基于不同超临界传热分析法所得的 S-CO_2 冷却传热机理，本节介绍两项新的 S-CO_2 冷却传热计算关联式，并评价其在不同工况下的计算精度。

此外，需指出，S-CO_2 冷却传热数据库对计算关联式拟合和验证影响较大。由于目前试验数据集中于小质量流速工况，因此采用大质量流速工况的数值结果对 S-CO_2 冷却传热数据库进行补充。S-CO_2 冷却传热数据库内数据点工况参数如表 5-1 所示，其中一部分用于关联式拟合而另一部分则用于关联式精度验证。

表 5-1　S-CO_2 冷却传热数据库内数据点工况参数[23]

数据来源	数据点	p/MPa	G/(kg·m^{-2}·s^{-1})	q_w/(kW·m^{-2})
Dang 和 Hihara	129	8~9	200~1200	6~33
Huai 等	12	7.47	159	8.58~12.39
Wah 等	142	7.7~8.1	870	21.47~267.67
Kruizenga 等	56	7.5~8.1	326	12.1~26.1
Li 等	18	7.5	326~762	12.1~36.2
Zhang 等	127	8~9	160~320	34.5~105.4
数值模拟	1660	8	200~1600	18~160

5.3.1　基于类冷凝的 S-CO_2 冷却传热计算关联式

为表征类两相区大比热特性引起潜热释放量增加导致的 S-CO_2 冷却传热强化现象，在关联式拟合中引入比定压热容无量纲比值 $\overline{c_p}/c_{p,b}$。同时，考虑到界面力、惯性力、重力对 S-CO_2 冷却传热的影响，在关联式拟合中引入无量纲数 Bo 和 We^*。最终可得新的 S-CO_2 冷却传热计算关联式为

$$Nu_b = 0.0222 Re_b^{0.971} Pr_b^{0.469} We_b^{*\,0.0562} Bo_b^{0.0565} \left(\frac{\overline{c_p}}{c_{p,b}}\right)^{0.455} \tag{5-2}$$

5.3.2　S-CO_2 冷却传热计算关联式评价

基于文献 S-CO_2 冷却传热试验结果和本章数值模型计算结果，通过对比新的 S-CO_2 冷却传热关联式与文献关联式计算精度，以验证新 S-CO_2 冷却传热关联式计算精度。其中，不同冷却传热关联式与文献试验数据（表 5-1）对比的计算精度如表 5-2 所示，基于不同工况参数下数值计算数据的结果如表 5-3 所示。需指出，文献试验数据主要基于小质量流速工况，而数值计算结果则主要基于大质量流速工况。为对比各关联式的计算精度，表 5-2 与表 5-3 中对比结果采用了平均相对误差（mean relative error，MRE）、平均绝对相对误差（mean absolute relative error，MARE）与均方根相对误差（root-mean-square relative error，RMSRE）进行表征[○]。

表 5-2 不同冷却传热关联式[23]与文献[86,87]试验数据对比的计算精度

关联式	MRE(%)	MARE(%)	RMSRE(%)
Dittus-Boelter	−29.45	37.26	44.43
Gnielinski	−11.62	32.49	52.88
Bruch	19.51	30.27	42.54
Dang	18.29	32.29	49.00
Huai	47.19	66.06	113.31
Liao	24.84	47.62	60.58
Liu	>100	>100	>100
Oh	>100	>100	>100
Pitla	18.81	35.14	58.55
Son	2.23	83.86	>100
Wang	12.04	32.48	46.68
Wang	31.02	38.47	54.05
式(5-2)	−3.12	21.99	28.71

表 5-3 不同冷却传热关联式与不同工况参数下数值计算数据对比的计算精度

关联式	MRE(%)	MARE(%)	RMSRE(%)
Dittus-Boelter	−35.17	35.17	38.59
Gnielinski	−16.87	27.22	31.87
Bruch	3.16	7.73	10.48
Dang	5.94	12.24	15.92
Huai	17.38	24.50	34.11
Liao	15.00	38.85	50.64
Liu	>100	>100	>100
Oh	>100	>100	>100
Pitla	15.10	23.50	42.77
Son	−43.24	65.05	75.01
Wang	14.76	29.97	32.29
Wang	15.31	15.47	18.12
式(5-2)	0.25	5.03	6.31

71

○ 平均相对误差（MRE），$MRE = \frac{1}{n}\sum_{i=1}^{n}\left(\frac{\alpha_{c,i} - \alpha_i}{\alpha_i}\right)$；平均绝对相对误差（MARE），$MARE = \frac{1}{n}\sum_{i=1}^{n}\left(\frac{|\alpha_{c,i} - \alpha_i|}{\alpha_i}\right)$；

均方根相对误差（RMSRE），$RMSRE = \sqrt{\frac{1}{n}\sum_{i=1}^{n}\left(\frac{\alpha_{c,i} - \alpha_i}{\alpha_i}\right)}$。

从表 5-2 中与小质量流速的试验数据对比结果可知，在众多关联式中，式（5-2）具有较高的计算精度。同时，Dittus-Boelter 关联式、Bruch 关联式、Dang 关联式和 Wang 关联式的计算精度整体较低，而其余关联式的偏差较大，无法满足工程计算需要。基于不同工况参数下数值计算数据，表 5-3 表示 S-CO$_2$ 冷却传热计算关联式在宽工况范围的计算精度。从中可知，本节提出的关联式在宽工况范围内均有较高的计算精度。同时，相比于表 5-2 中小质量流速工况下的 S-CO$_2$ 冷却传热数据，在宽工况范围下，Bruch 关联式的计算精度虽比式（5-2）低，但其整体计算精度仍然处于较高水平，而 Dang 关联式和 Wang 关联式的计算精度出现较大偏差，无法满足宽工况范围下工程计算的需求。

图 5-12 为全工况范围下各 S-CO$_2$ 冷却传热关联式的计算精度对比。注意，图 5-12 中高表面传热系数（h）区域主要来源于大质量流速（G）工况。从中可知，在全工况范围下，式（5-2）的计算精度最高。如图 5-12 所示，其他的 3 项文献关联式在全工况范围内整体呈现出较大的偏差，尤其是在大质量流速的工况（即大 h 区域）内。这主要是因为这些关联式没有考虑 S-CO$_2$ 冷却传热机理，而是直接基于试验测量数据进行拟合，因此其仅在小质量流速的工况（即小 h 区域）内具有较高计算精度。具体来说，Bruch 关联式主要考虑浮升力的影响，而在大质量流速工况下浮升力的影响可以忽略；Dang 关联式仅考虑定性温度的影响，而未考虑具体的冷却传热机理；同样，Wang 关联式修改了经典关联式的部分变量，而没有考虑具体的 S-CO$_2$ 冷却传热机理，而产生较大的计算误差。

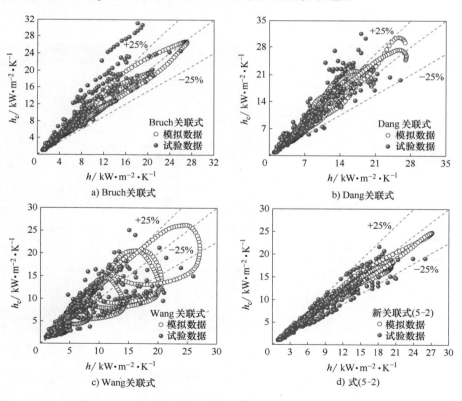

a) Bruch 关联式 b) Dang 关联式

c) Wang 关联式 d) 式(5-2)

图 5-12　全工况范围下各 S-CO$_2$ 冷却传热关联式的计算精度对比[23]

5.4　小　结

阐述了S-CO$_2$动力系统过程层面的冷却传热过程，发展了类冷凝方法。考虑S-CO$_2$冷却器工况的强变物性、全工况设计范围的典型特征，通过数值模拟获得了近临界区域内S-CO$_2$全工况范围下的冷却传热特性，明晰了其特殊传热现象的内在机制，获得了新的高精度S-CO$_2$冷却传热计算关联式。主要结论如下：

1）将类冷凝将近临界参数下超临界冷却过程比拟于亚临界冷凝。首先，在物性方面，亚临界流体潜热在以饱和温度为特征的Dirac delta（温度奇点）处释放；超临界流体潜热则在以T^+到T^-为特征温度的连续温度区间内释放。其次，超临界流体冷却过程中近壁面区域出现类两相流体的流态可比拟为亚临界冷凝中的雾状流；超临界流体冷却中近壁面区域积聚类液相流体则可比拟为亚临界冷凝中的环状流。特别地，超临界流体冷却中近壁区积聚的类液相流体可视作类液膜。为评价超临界冷却中重力、惯性力与界面力的影响，基于类冷凝方法发展了Bo和We^*两个无量纲参数。

2）通过将CO$_2$超临界区域内冷却传热过程比拟于亚临界区域冷凝可知，S-CO$_2$冷却管内中上游的传热强化现象主要与类两相区流体潜热释放有关，且潜热释放量随近壁面区域内流体比热容的增加而增加；而中下游传热强化的消退现象主要与类液膜的形成有关，在小质量流速的混合对流传热中类液膜的厚度和位移取决于重力、惯性力和界面力，而在大质量流速的强迫对流传热中类液膜的厚度和位移则主要与惯性力和界面力有关，重力的作用则相对较小。

3）基于S-CO$_2$冷却传热机理拟合的传热关联式能显著提高计算精度。在全工况范围下，基于冷凝比拟法所获得的S-CO$_2$冷却传热关联式的计算精度要高于现有关联式，这主要是因为比拟法（类冷凝）中对类液膜的力分析能够较完整地反映全工况范围内类液膜的受力状态。

第6章

热力循环系统中换热器的评价方法与优化构型

    热力循环系统中的换热器性能对热力循环效率具有重要影响，需要在系统层面对换热器进行评价，以指导换热器在部件层面的优化设计。以布雷顿循环动力系统为例，系统中的换热器主要分为三类：加热器、回热器与冷却器。其中，加热器是热源与循环的重要耦合部件，它的性能直接影响热源的利用效率；回热器则负责透平出口乏汽的余热回收，且回热量较大，如文献 [31，88] 指出 S-CO$_2$ 布雷顿循环中回热器的热负荷可达到系统发电量的 3 倍左右。本章将以布雷顿循环中的加热器和回热器为例，讨论部件层面的流动传热性能对循环效率的影响。

    为评价换热器性能对循环效率的影响，一般需要对换热器和热力循环进行耦合分析，其中，布雷顿循环为换热器提供边界条件，换热器设计则提供换热器的流动传热性能参数，经过反复迭代，可获得实际换热器性能参数下的循环效率。然而，耦合分析具有明显的缺点：①换热器性能通常需要采用一维分段设计或三维数值模拟，且耦合分析需要数次迭代，计算量较大；②耦合分析主要依赖于一个特定的循环构型，很难直接拓展应用于其他复杂构型；③耦合分析无法定量描述换热器性能对循环效率的内在影响机制，从而很难指导换热器的优化。因此，尽管文献中对换热器提出了很多优化方案[89]，但很少关注这些优化方案能否最终提升热力循环效率。

    为避免上述缺点，需要对循环与换热器进行解耦分析，即通过评价换热器部件层面性能对循环效率的影响，获得换热器的评价方法。此时，该问题转化为，如何通过提升换热器性能以提高循环效率？换热器性能的提升一般有两种方法：强化传热与流动减阻。强化传热可以增加换热器能效，提升循环效率；流动减阻可以降低换热器压降，降低压缩机耗功或增加透平输出功，从而有利于提升循环效率。考虑到大部分强化传热方法往往伴随着阻力的提升，因此，该解耦方法应基于换热器传热与阻力的综合性能进行评价。

    基于上述讨论，本章阐述布雷顿循环中换热器的评价方法，以简单、方便地评价换热器性能对循环效率的影响，并进一步指导换热器的选型与优化。首先介绍换热器性能评价方法的通用表达式；然后结合对换热器的流动传热性能参数的讨论，建立基于换热器的性能直接评价循环效率的性能恢复系数（performance recovery coefficient，PRC），进一步对不同构型、参数和工质的布雷顿循环中不同类型的换热器进行通用性验证；最后，基于该评价准则，讨论换热器的优化构型与布置。

6.1　S-CO$_2$ 布雷顿循环及其与换热器耦合系统

6.1.1　S-CO$_2$ 布雷顿循环

    为阐述布雷顿循环中换热器的评价方法，采用一个较为通用的布雷顿循环以讨论换热器传热与阻力性能对循环效率的影响。加热器方面，可由布雷顿循环与热源的耦合方式将加热器分为直接吸热式与间接吸热式两种。对于直接吸热式，考虑到加热器的热安全性，流体的最高温度（透平入口温度）一般设为常数；对于间接吸热式，则通过引入一个中间传热流体（heat transfer fluid，HTF），如液态金属或熔融盐，来吸收热源的热量，然后通过中间换热器将热量传递给工质，此时流体最高温度与 HTF 的最高温度及中间换热器的性能密切相关。从透平入口温度的角度来看，直接吸热式系统可看作间接吸热式系统的一个特殊工况。因此，本章将以间接吸热式系统为例讨论加热器性能对循环效率的影响。由于多级再热会导致加热器个数增多，为不失一般性，选用一次再热作为基础循环构型。回热器方面，回热器的个数主要受再压缩过程的影响，因此选用再压缩构型进行讨论。

以典型间接吸热式再压缩配合一次再热的布雷顿循环（下称 RC+SRH 循环）为例，其布置如图 6-1 所示。该循环包括两个压缩机（C1、C2）、两个透平（HPT、LPT）、两个回热器（HTR、LTR）、两个加热器（主加热器 MH 与再热器 RH）和一个冷却器。由于主要讨论换热器的影响，循环中的透平机械均采用等熵效率模型假设，以简化计算。

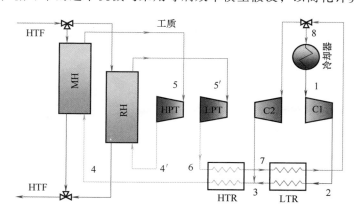

图 6-1 典型间接吸热式 RC+SRH 循环布置

循环效率的计算公式为

$$\eta_{cycle} = \frac{\sum W_t - \sum W_c}{\sum Q_h} = \frac{W_{net}}{\sum Q_h} = 1 - \frac{\sum Q_c}{\sum Q_h} \tag{6-1}$$

式中，W_t 为透平输出功[注]；W_c 为压缩机耗功；W_{net} 为循环净功；$\sum Q_h$ 为加热器的总热负荷；$\sum Q_c$ 为冷却器的总热负荷。

6.1.2 换热器及其设计方法

为提高能效，热力循环中的加热器与回热器一般均设计为逆流式，它们的流动传热性能可通过一维模型计算，为了对比不同类型换热器对循环效率的影响，讨论两种常见的紧凑式换热器，即 PCHE 与 MSTE。下面以 PCHE 为例，简要介绍换热器的一维设计方法。

PCHE 可看作一种特殊的板翅式换热器，它的加工方式为：首先在金属基板上通过化学刻蚀或机加工的方式开设出流道；然后将刻蚀后的金属基板堆叠起来，采用扩散焊将金属基

75

[注] 习惯叫法，实为单位时间的输出功，即输出功率的概念，余同不再赘述。

板焊为一体；最后加上封头，即可完成整个 PCHE 的加工（图 6-2）。PCHE 具有耐高温高压的优良性能，工作最高压力可达 50MPa，工作温度范围可从低温工况至 800℃[90]。

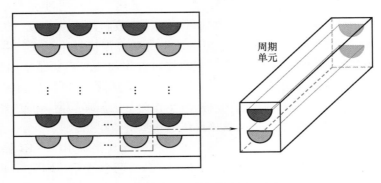

图 6-2 PCHE 示意图

典型的 PCHE 通道结构包括直（straight）通道、之字形（zigzag）通道、S 型通道与翼型通道，如图 6-3 所示，选取上述四种通道讨论对比通道构型对循环效率的影响。

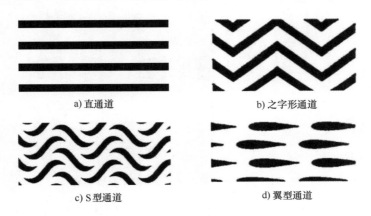

a) 直通道   b) 之字形通道

c) S 型通道   d) 翼型通道

图 6-3 四种通道结构示意图

由于通道内 S-CO_2 物性变化较大，此时若采用常规的常物性假设将导致较大的误差，因此采用分段设计方法[91]对换热器进行设计。分段设计方法的原理如图 6-4 所示，该方法将整个换热器分成 N 个子换热器，当分段数 N 足够大时，子换热器内热物性参数均可看作常数，此时可对每个子换热器进行设计计算，获得每个子换热器的压降、换热面积等参数，最

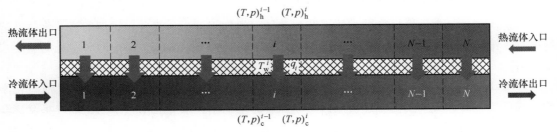

图 6-4 分段设计方法的原理

后将所有子换热器的压降与换热面积相加，即可获等整个回热器的压降与换热面积。

各通道的流动传热性能采用文献中的关联式计算获得，表6-1列出多种通道构型中流动传热计算关联式。

表 6-1　多种通道构型中流动传热计算关联式

通道类型	传热关联式	阻力关联式	适用范围
直通道[92]	$Nu = \dfrac{(f/8)(Re-1000)Pr}{1+12.7(f/8)^{0.5}(Pr^{2/3}-1)}$	$f = \left(\dfrac{1}{1.8 \lg Re - 1.5}\right)^2$	$3000 \leqslant Re \leqslant 60000$ $0.7 \leqslant Pr \leqslant 1.2$
之字形通道[93]	$h = 0.2104Re + 44.16$	$f = -2 \times 10^{-6}Re + 0.1023$	$5000 \leqslant Re \leqslant 13000$
S 型通道[94]	$Nu = 0.174Re^{0.593}Pr^{0.43}$	$f = 0.4545Re^{-0.34}$	$3500 \leqslant Re \leqslant 23000$ $0.7 \leqslant Pr \leqslant 2.2$
翼型通道[95]	$Nu = 0.027Re_{\min}^{0.78}Pr^{0.4}$	$fRe_{\min} = 9.31 + 0.028Re_{\min}^{0.86}$	$3000 \leqslant Re \leqslant 150000$ $0.6 \leqslant Pr \leqslant 0.8$

MSTE 与传统管壳式换热器相比，采用水力直径较小（约为 1~2mm）的管道，以提升换热器的紧凑度与传热性能。MSTE 用于 S-CO$_2$ 布雷顿循环时，可使高压流体流过耐压性能较好的管侧，而低压流体则流过扰动较强的壳侧。相对于其他紧凑式换热器；MSTE 的主要优势是便于维护，可以通过拆卸法兰，做到换热器的机械清洗与堵塞检查。

MSTE 的设计方法与 PCHE 类似，但是采用不同的流动传热关联式。文献中还特别讨论了 MSTE 两种不同换热管排布的影响，即三角排布与四边形排布，分别记为 MSTE-t 与 MSTE-s。两种排布的流动传热性能计算可以采用相同的关联式，但水力直径不同[96]。MSTE 流动传热性能计算关联式如下：

$$Nu = \frac{(f/8)(Re-1000)Pr}{1+12.7(f/8)^{0.5}(Pr^{2/3}-1)}\left(\frac{Pr}{Pr_{\mathrm{w}}}\right)^{0.11} \tag{6-2}$$

$$\begin{cases} \dfrac{1}{\sqrt{f_{\mathrm{cp}}}} = -2\lg\left(\dfrac{\varepsilon_{\mathrm{r}}}{3.7d} + \dfrac{2.51}{Re\sqrt{f_{\mathrm{cp}}}}\right)^2 \\[3mm] \dfrac{f}{f_{\mathrm{cp}}} = \left(\dfrac{T_{\mathrm{b}}}{T_{\mathrm{w}}}\right)^{0.1} \end{cases} \tag{6-3}$$

6.1.3　S-CO$_2$ 布雷顿循环与换热器的耦合计算方法

为获得不同形式换热器流动传热性能对循环效率的影响规律，建立 S-CO$_2$ 布雷顿循环与换热器的耦合计算模型，耦合计算模型流程如图6-5所示。计算步骤包括：①将假设的换热器性能初值（压降、能效等）代入循环设计中，获得换热器进出口的边界条件；②将边界条件输入换热器设计代码中，计算获得换热器的性能参数；③将换热器的性能参数代入循环设计中，更新换热器的边界条件，经过数次迭代后，即可得到收敛的解并输出循环效率，同时可得到换热器性能对循环效率的影响。

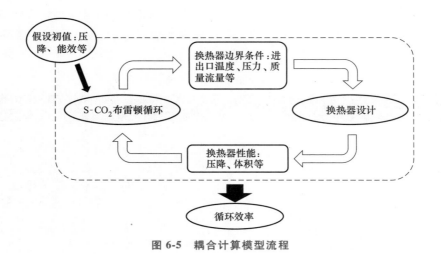

图 6-5　耦合计算模型流程

6.2　换热器参数对循环效率的影响

入口雷诺数对循环效率与回热器体积的影响如图 6-6 所示，可以看出，随着入口雷诺数增大，循环效率逐渐降低，这是由于通道雷诺数越大，回热器压降越大，使得压缩机耗功增加，进而导致循环效率降低。回热器的体积随雷诺数的增大而减小，这是由于增大雷诺数会增大单通道的质量流量，从而减少回热器通道数量，因此回热器体积减小。需要注意的是，当 $Re<15000$ 时，回热器体积随雷诺数的增大迅速降低，而当 $Re>15000$ 时，回热器体积随雷诺数的增大几乎不变；与之相反的是，循环效率在高雷诺数区域（$Re>30000$）随雷诺数的增大迅速降低。因此，在实际工程应用中，不推荐采用过高雷诺数的工况，特别是针对高能效的回热器。综合考虑循环效率与回热器体积，工程应用中推荐雷诺数范围为 15000～30000。

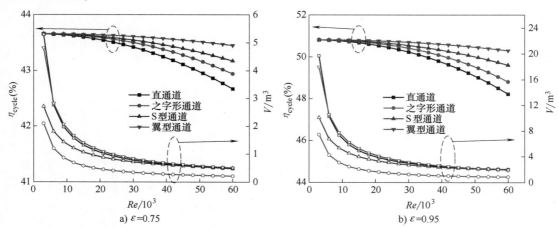

图 6-6　入口雷诺数对循环效率与回热器体积的影响

η_{cycle}—循环效率

注：实心点代表循环效率，空心点代表体积，虚线圈及箭头代表数据对应的坐标轴。

由图 6-7a 可以看出，当 $Re=15000$ 时，循环效率随能效的增加单调递增，这是由于增大能效可以有效降低加热器与冷却器的热负荷，从而提升循环效率。而对于高雷诺数工况，如图 6-7b 所示，直通道与之字形通道在 $\varepsilon>0.95$ 时出现了循环效率随能效增大而降低的现象。这是由于过高的能效会减小回热器冷热侧流体的温差，从而使通道长度明显增大，导致回热器压降严重升高，进而导致循环效率降低。由于通道长度的增加，回热器体积随能效的增大而增大，对于高能效工况，特别是当 $\varepsilon>0.95$ 时，回热器体积随能效迅速增大。因此，实际工程应用中，过高的能效不仅会增大回热器体积，还会降低循环效率，综合考虑以上两种因素，工程应用中推荐的能效范围为 $0.9\sim0.95$。

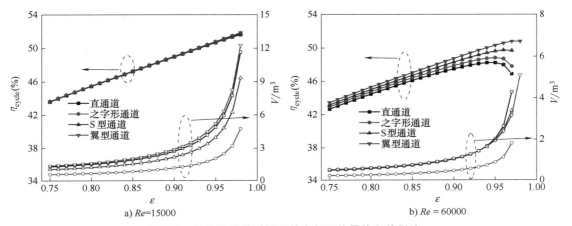

图 6-7 回热器能效对循环效率与回热器体积的影响

注：实心点代表循环效率，空心点代表体积，虚线圈及箭头代表数据对应的坐标轴。

对于不同通道构型，从图 6-6 可以看出，在相同雷诺数与能效条件下，翼型通道可以达到最高的循环效率，其他通道构型按照循环效率从高到低依次是 S 型通道、之字形通道与传统直通道。该结果表明，相对于连续型通道（直通道与之字形通道），非连续型通道（S 型与翼型通道）可以达到更高的循环效率。而对于回热器体积，在相同条件下，之字形通道体积最小，其次是 S 型通道，翼型通道与直通道体积相近。相比于传统直通道，之字形通道可使回热器体积降低一半左右。综上所述，翼型通道可以达到最高的循环效率，而之字形通道可以使回热器体积最小，应用时可根据实际要求进行通道结构的选择。

对于加热器，设计参数对循环效率的影响规律与回热器类似，限于篇幅，此处不再阐述。由上述分析可知，换热器的压降与能效对循环效率具有重要的影响，其中压降代表了换热器的阻力性能，而能效代表了换热器的传热性能。但传热强化往往伴随着阻力的增加，在实际工程应用时，需要平衡换热器的传热性能与阻力性能。因此，需要发展相关准则以同时考虑换热器的传热性能与阻力性能，并考核换热器的流动传热性能对 S-CO$_2$ 布雷顿循环效率的影响。

6.3　传统评价准则的适用性

基于上述介绍的耦合计算模型，首先对现有的换热器评价准则进行评估。在目前常用的换热器评价准则中，同时考虑换热与流动阻力的评价准则主要有 PEC 因子[97] 与 PQ 因子[98,99]。由于加热器参数对循环效率的影响与回热器类似，本节同样以回热器为例，考查以上两个准则的适用性。

PEC 因子被广泛应用于强化传热技术的综合换热性能评价，它的定义式为[100]

$$PEC = \frac{Nu/Nu_s}{(f/f_s)^{1/k}} \qquad (6-4)$$

式中，下标 s 表示直通道的值；$k=1,2,3$ 分别表示 PEC 因子的等流量、等压降和等泵功表达式。

PQ 因子表示换热器在等压降下的换热量，它的定义式为

$$PQ = \frac{Q}{\Delta p} \qquad (6-5)$$

式中，Q 为通道的换热量；Δp 为通道的压降。

图 6-8a 展示了当 $\varepsilon=0.85$ 时，循环效率随三种 PEC 因子表达式的变化。由于 PEC 因子表示强化通道构型（即之字形通道、S 型通道与翼型通道）与传统直通道综合换热性能的比值，为方便对比，引入循环效率的强化比值 r，它的定义为强化通道的循环效率与直通道循环效率的比值，即

$$r = \frac{\eta_{cycle}}{\eta_{cycle,s}} \qquad (6-6)$$

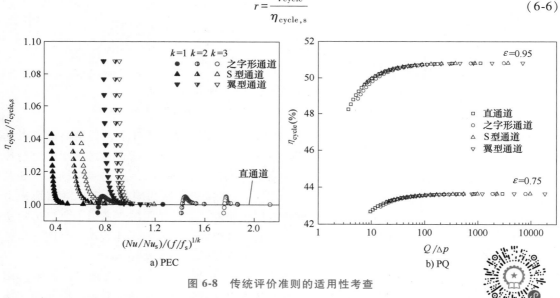

a) PEC b) PQ

图 6-8 传统评价准则的适用性考查

扫码查看彩图

由图 6-8a 可以看出，S 型通道与翼型通道的循环效率强化比值随 PEC 的增大而降低，而对于之字形通道，循环效率强化比值随 PEC 的增大先升高后降低，同时对于三种 PEC 因子表达式，PEC>1 不一定代表循环效率强化比值大于 1。该结果表明，回热器的 PEC 值较大不一定有利于循环效率的提升。同时，对于三种通道构型，循环效率强化比值随 PEC 的变化并没有明显规律，因此，三种 PEC 因子的表达式均无法用于评价通道流动传热性能对循环效率的影响。

图 6-8b 表示循环效率随 PQ 因子的变化规律，可以看出，在相同能效下，循环效率随 PQ 因子的增大单调递增，且四种通道变化趋势吻合较好。该结果表明，在给定能效的条件下，PQ 因子可以用于评价通道构型对循环效率的影响。这是由于当能效给定时，循环效率

的主要影响参数为回热器压降，当 PQ 因子较大时，回热器在相同热负荷时压降较低，因此有利于提升循环效率。

然而，使用 PQ 因子评价回热器的流动传热性能时，也存在明显的缺点：一方面，当 PQ>100 时，循环效率随 PQ 因子的增加几乎不变（例如，$\varepsilon = 0.95$ 时，PQ 因子由 100 增加到 1000，循环效率仅由 50.74% 增加至 50.82%，变化量小于 0.1%），因此，使用 PQ 因子只可以进行定性评价，而在定量评价时非常不便；另一方面，对于不同能效，循环效率随 PQ 因子的变化存在较大的偏差，如图 6-8b 所示，因此，PQ 因子无法评价不同能效下回热器性能对循环效率的影响。

综上所述，现有的评价准则（包括 PEC 因子与 PQ 因子）均不足以评价换热器流动传热性能对 S-CO$_2$ 布雷顿循环效率的影响，究其原因，PQ 因子只考虑压降的影响而忽略了不同能效的影响；PEC 因子虽然同时考虑了传热（努塞尔数 Nu）与流阻（阻力因子 f），但其仍不足以评价循环中换热器的性能，该结果表明，Nu 与 f 并不是循环效率的直接影响因素。

6.4 换热器评价的解耦方法

6.4.1 换热器综合性能评价方法的通用表达式

考虑到换热器的传热与阻力性能对循环效率均有影响，因此解耦方法应是一个反映换热器传热与阻力综合性能的参数，设该性能参数 ξ 的定义式为

$$\xi = XY^n \tag{6-7}$$

式中，X 为换热器的传热性能参数；Y 为换热器的阻力性能参数；n 为阻力性能的权重系数。

对于 PEC 因子，两个性能参数分别为（Nu/Nu_0）与（f/f_0），其在等流量、等压降与等泵功约束下的权重系数 n 分别为 -1、$-1/2$ 与 $-1/3$；对于 PQ 因子，两个性能参数则分别为 Q 与 Δp，权重系数 $n = -1$。

因此，式（6-7）可看作换热器综合性能评价方法的通用表达式，通过该表达式，可以将换热器的性能评价转化为寻找合适的流动与阻力性能参数 X、Y，以及权重系数 n。该通用表达式为换热器在各种工程背景下，特别是复杂热力循环中的评价提供了新思路。

6.4.2 传热性能参数

首先分析加热器，加热器的传热性能主要影响透平入口温度，由于温熵（T-s）曲线的面积表示循环净功的大小，因此可以通过 T-s 图方便地分析换热器传热性能的影响，图 6-9a 展示了理想工况下的 T-s 图，即透平入口温度与传热流体最高温度 T_h 相等，且压降为 0，此时 MH 与 RH 的热负荷可分别记为 $Q_{MH,ideal}$ 与 $Q_{RH,ideal}$。考虑到加热器性能变化对其他部件影响较小，图 6-9b~d 表示加热器与透平附近的局部放大图。可以看出，当 HPT 温度降低（$T_5 = T_h - 20\,^{\circ}\mathrm{C}$）时，循环净功 W_{net} 将减小 ΔW_1，如图 6-9b 的阴影部分所示；同样，当 LPT 温度降低时，循环净功 W_{net} 将减小 ΔW_2，如图 6-9c 所示。而对于两个透平入口温度同时降低的情况（图 6-9d），其做功变化量即为 $\Delta W_{total} = \Delta W_1 + \Delta W_2$。根据循环效率的计算公式，此时的循环效率 η_{cycle} 可由下式计算：

$$\eta_{\text{cycle}}=\frac{W_{\text{net}}}{\sum Q_{\text{h}}}=\frac{W_{\text{net,ideal}}-\sum\Delta W}{\sum Q_{\text{h,ideal}}-\sum\Delta W}=\frac{\dfrac{W_{\text{net,ideal}}}{\sum Q_{\text{h,ideal}}}-\dfrac{\sum\Delta W}{\sum Q_{\text{h,ideal}}}}{1-\dfrac{\sum\Delta W}{\sum Q_{\text{h,ideal}}}}=\frac{\eta_{\text{ideal}}-\dfrac{\sum\Delta W}{\sum Q_{\text{h,ideal}}}}{1-\dfrac{\sum\Delta W}{\sum Q_{\text{h,ideal}}}} \qquad (6\text{-}8)$$

式中，η_{ideal} 为理想工况下的循环效率；$\sum Q_{\text{h,ideal}}=Q_{\text{MH,ideal}}+Q_{\text{RH,ideal}}$ 为理想工况下的加热器总热负荷。

显然，对于特定的循环构型及参数，η_{ideal} 与 $\sum Q_{\text{h,ideal}}$ 均为常数，此时，实际循环效率 η_{cycle} 为 $\sum\Delta W$ 的单值函数，$\sum\Delta W$ 越大循环效率越低。

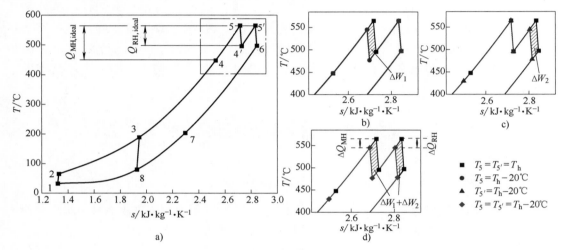

图 6-9 透平入口温度的影响

然而，换热器设计中 $\sum\Delta W$ 很难计算，需要寻找一个便于计算的变量。由图 6-9d 可知，ΔW_1 与 ΔW_2 可以分别近似看作两个平行四边形的面积。根据平行四边形面积计算公式，ΔW_1 与 ΔW_2 分别正比于 ΔQ_{MH} 与 ΔQ_{RH}，ΔQ_{MH} 与 ΔQ_{RH} 分别表示 MH 与 RH 中理想工况与实际工况热负荷的差值，可由下式计算：

$$\begin{cases}\Delta Q_{\text{MH}}=\dot{m}\left[i(T_{\text{h}},p_5)-i(T_5,p_5)\right]\\ \Delta Q_{\text{RH}}=\dot{m}\left[i(T_{\text{h}},p_{5'})-i(T_{5'},p_{5'})\right]\end{cases} \qquad (6\text{-}9)$$

式中，$\dot{m}$ 为质量流量；i 为工质的焓值。

此时，$\sum\Delta W$ 可由 $\sum\Delta Q=\Delta Q_{\text{MH}}+\Delta Q_{\text{RH}}$ 代替。图 6-10a 表示不同透平入口温度变化工况下，循环效率随 $\sum\Delta Q$ 的变化，可以看出，不同工况的数据高度重叠，说明 $\sum\Delta Q$ 可以表示加热器的传热性能参数。考虑普适性，采用 $\sum Q_{\text{h,ideal}}$ 对其进行无量纲化处理，提出一个新的无量纲数——能量恢复系数 χ，定义式为

$$\chi=1-\frac{\sum\Delta Q}{\sum Q_{\text{h,ideal}}} \qquad (6\text{-}10)$$

能量恢复系数表征加热器传热性能在实际工况下与理想工况下的比值，理想工况下 $\chi=1$。由图 6-10b 可以看出，循环效率随能量恢复系数近似线性增加，且不同工况数据高度重叠，说明能量恢复系数可以作为表征加热器的传热性能参数。

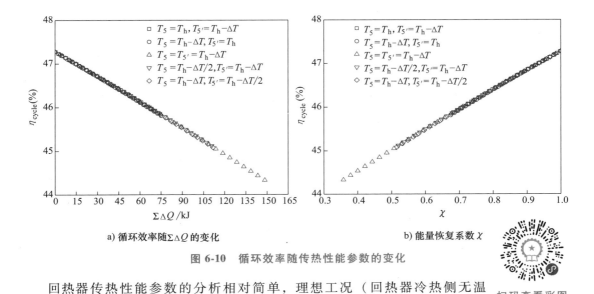

a) 循环效率随$\Sigma\Delta Q$的变化　　　　b) 能量恢复系数χ

图6-10　循环效率随传热性能参数的变化

扫码查看彩图

回热器传热性能参数的分析相对简单，理想工况（回热器冷热侧无温差，即能效$\varepsilon=1$）下，回热器的换热量记为$Q_{\mathrm{r,ideal}}$，则实际工况回热器的换热量$Q_{\mathrm{r}}=\varepsilon Q_{\mathrm{r,ideal}}$，换热量的变化量$\Delta Q_{\mathrm{r}}=(1-\varepsilon)Q_{\mathrm{r,ideal}}$。回热器的能效降低将会导致图6-9a中4点温度下降，8点温度上升，即回热量的下降会导致加热器与冷却器的热负荷升高。在给定透平与压缩机入口参数的条件下，回热器性能的变化对透平与压缩机耗功几乎没有影响，因此，根据整个循环的能量守恒，加热器与冷却器的热负荷变化量满足如下关系：

$$\Delta Q_{\mathrm{h}}=\Delta Q_{\mathrm{c}}=\Delta Q_{\mathrm{r}}=(1-\varepsilon)Q_{\mathrm{r,ideal}} \tag{6-11}$$

式中，ΔQ_{h}为加热器热负荷的变化量；ΔQ_{c}为冷却器热负荷的变化量。

根据循环效率的定义式：

$$\eta=\frac{Q_{\mathrm{h}}-Q_{\mathrm{c}}}{Q_{\mathrm{h}}}=\frac{Q_{\mathrm{h,ideal}}+\Delta Q_{\mathrm{h}}-(Q_{\mathrm{c,ideal}}+\Delta Q_{\mathrm{c}})}{Q_{\mathrm{h,ideal}}+\Delta Q_{\mathrm{h}}}=\frac{\eta_{\mathrm{ideal}}}{1+(1-\varepsilon)\dfrac{Q_{\mathrm{r,ideal}}}{Q_{\mathrm{h,ideal}}}} \tag{6-12}$$

由于理想工况下的循环效率与各设备的热负荷均为常数，则实际工况的循环效率为回热器能效的单值函数，即回热器的能效ε即为回热器的传热性能参数。

事实上，由于回热器的入口温度不受出口温度影响，不同换热器出口参数下，换热器的最大理论换热量Q_{ideal}为常数，此时，式（6-10）中定义的能量恢复系数χ即为换热器的能效ε，即能效ε是能量恢复系数χ的特殊形式，因此，能量恢复系数χ可以看作同时适用于加热器与回热器的传热性能参数。

6.4.3　阻力性能参数

循环效率随阻力性能参数的变化如图6-11a所示，其中，Δp_{MH}与Δp_{RH}分别为MH与RH的压降，可以看出，对于相同的Δp，$\Delta p_{\mathrm{RH}}=\Delta p$工况的循环效率低于$\Delta p_{\mathrm{MH}}=\Delta p$工况的循环效率，说明RH的压降对循环效率影响更大，这主要是由RH的工作压力低导致的。该结果说明，压降的绝对值不是循环效率的直接影响因素，对于阻力性能的评价必须同时考虑工作压力。因此，引入总压恢复系数σ，定义式为

$$\sigma = \frac{p_{\text{out}}}{p_{\text{in}}} = 1 - \frac{\Delta p}{p_{\text{in}}} \tag{6-13}$$

式中，p_{in} 为加热器进口的压力；p_{out} 为加热器出口的压力；Δp 为加热器压降。

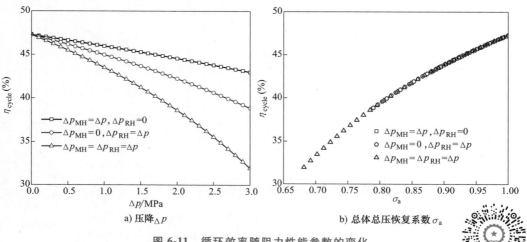

a) 压降 Δp b) 总体总压恢复系数 σ_a

图 6-11   循环效率随阻力性能参数的变化

扫码查看彩图

需要注意的是，当 $\Delta p_{\text{MH}} = \Delta p_{\text{RH}} = \Delta p$ 时，循环效率降低值大于另外两种工况下的循环效率降低值之和，如图 6-11a 所示，该现象表明，MH 与 RH 的压降存在耦合作用。为同时考虑 MH 与 RH 阻力性能的影响，引入了总体总压恢复系数 σ_a，它是各加热器工质侧总压恢复系数的乘积，定义式为

$$\sigma_a = \sigma_{\text{MH}} \sigma_{\text{RH}} = \prod \sigma_{\text{wf}} \tag{6-14}$$

式中，σ_{wf} 泛指工质侧的总压恢复系数。

图 6-11b 表示循环效率随总体总压恢复系数 σ_a 的变化，可以看出，不同工况的数据高度重叠，说明 σ_a 可以作为表征加热器的阻力性能参数。

对于回热器，总体总压恢复系数

$$\sigma_a = \prod \sigma_{\text{wf}} = \sigma_h \sigma_c$$

式中，σ_h、σ_c 分别为回热器热侧与冷侧工质的总压恢复系数。

分析过程与加热器类似，此处不再重复。

6.4.4   权重系数

不同再热级数下的权重系数 n 随压缩机出口压力 p_2 的变化如图 6-12a 所示，其中 RC 代表无再热循环，RC+DRH 代表二次再热循环，n 的值通过数据分析获得。可以看出，随着 p_2 增大，n 逐渐降低，说明低压工况下阻力性能对循环效率的影响更大。同时，随着再热级数增加，相同 p_2 下 n 也会升高，这主要是由再热器的压力较低导致的，可以得出，n 受所有加热器中压力的影响。此时，需要一个特征压力以表征不同压力工况对 n 的影响。值得注意的是，由于 RC 循环中只有一个加热器，此时加热器压力即为特征压力，因此，RC+SRH 与 RC+DRH 循环中 n 随特征压力的变化应与 RC 循环具有相同的规律，即 RC+SRH 与 RC+DRH 的数据点回归到图 6-12a 中的虚线上。经过详细的数据分析，发现加热器中的算术平均

压力 p_m 可以实现该回归。为了使该特征压力适用于多种压缩机入口压力工况，提出平均压比 r_m，定义式为

$$r_m = p_m / p_1 \tag{6-15}$$

式中，p_1 为压缩机入口压力；p_m 为各加热器的算术平均压力。

图 6-12b 表示 n 随 r_m 的变化，可以看出，不同再热级数下，n 随 r_m 的变化规律一致，且吻合较好，所有数据点均可回归到图 6-12b 中的实线上，此时可通过函数拟合获得 n 的计算公式为

$$n = 100 r_m^{-2.4} \tag{6-16}$$

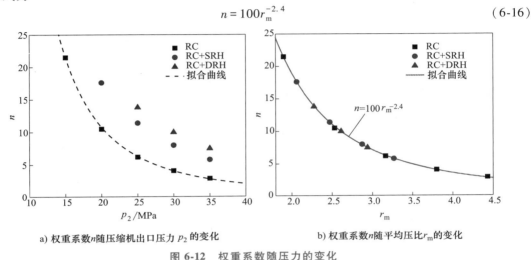

a) 权重系数 n 随压缩机出口压力 p_2 的变化   b) 权重系数 n 随平均压比 r_m 的变化

图 6-12 权重系数随压力的变化

而对于回热器，通过数据分析可得权重系数 $n=1$，代表 ε 与 σ_a 对循环效率的贡献相近[101]。

85

6.4.5 性能恢复系数

经上述分析可得，布雷顿循环中换热器的两个性能参数 X 与 Y 分别为能量恢复系数 χ 和总体总压恢复系数 σ_a，χ 与 σ_a 越大，循环效率越高。结合式 (6-7)，可获得性能恢复系数 PRC 的表达式：

$$\text{PRC} = \chi \sigma_a^n = \left(1 - \frac{\sum \Delta Q}{\sum Q_{h,ideal}}\right)\left(\prod \sigma_{wf}\right)^{100 r_m^{-2.4}} \tag{6-17}$$

显然，PRC 取值范围为 0~1，表示换热器实际性能与理想工况下性能的比值。式 (6-17) 中所有变量均可由换热器的流动传热参数计算获得，因此可以方便地由换热器部件层面的性能参数评价循环效率，从而避免复杂的耦合分析。

式 (6-17) 定义的性能恢复系数 PRC 是一个同时适用于加热器与回热器的通用评价方法。根据前面分析，对于回热器，性能恢复系数的形式可以简化为

$$\text{PRC} = \varepsilon \sigma_h \sigma_c \tag{6-18}$$

由性能恢复系数的表达式可知，加热器阻力性能参数的指数远大于 1，而回热器中的 $n=1$，与 PEC 表达式中 $|n| \leqslant 1$ 恰恰相反。该现象说明，与以节省泵功为目标的换热器评价方法不同，在以循环的效率为目标时，换热器的阻力性能对整体性能的影响更加突出，因此对循环中的换热器进行优化时，应主要关注换热器的减阻。

6.5 性能恢复系数的验证

为验证性能恢复系数，本节采用常规的耦合分析方法，计算不同设计工况（换热器能效 ε、入口雷诺数 Re、换热器形式、循环构型及循环工质）下的系统循环效率。采用两种典型的紧凑型换热器：PCHE 与 MSTE。其中，PCHE 采用常见的直通道、之字形通道、S 型（S-shape）通道与翼型（airfoil）通道，MSTE 则采用三角形（MSTE-t）与正方形（MSTE-s）两种布置。

6.5.1 加热器

由于循环构型中，再热对加热器影响最大，因此通过改变再热级数进一步考查性能恢复系数 PRC 在不同循环构型中的适用性。首先以 S-CO$_2$ 布雷顿循环为例，图 6-13a 表示不同循环构型与参数条件下，采用多种形式换热器时循环效率随 PRC 的变化，为不失一般性，数据点选用了较大范围的工况参数（$\varepsilon = 0.55\sim0.99$，$Re = 3000\sim60000$）。可以看出，对于任一组循环构型及参数，不同换热器形式下的循环效率吻合较好，且循环效率随 PRC 单调递增，说明 PRC 是一种有效的解耦方法，适用于各种参数和不同布局的布雷顿循环中加热器的性能评价。

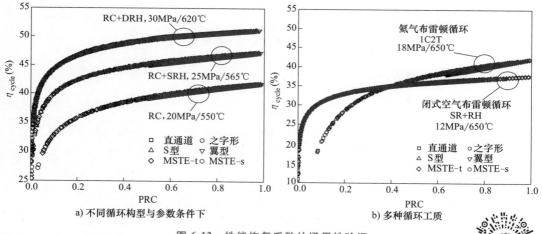

图 6-13 性能恢复系数的通用性验证

a) 不同循环构型与参数条件下　　b) 多种循环工质

为进一步验证 PRC 在不同工质布雷顿循环中的应用，采用 1C2T 氦气布雷顿循环与简单回热+一次再热（SR+RH）的闭式空气布雷顿循环，如图 6-13b 所示。可以看出，循环效率随 PRC 单调递增，且不同换热器形式数据吻合较好，说明式（6-17）定义的性能恢复系数 PRC 可以直接拓展应用于多种工质的布雷顿循环。

扫码查看彩图

6.5.2 回热器

图 6-14 表示四种回热器通道情况下，系统循环效率随回热器性能恢复系数的变化，可以看出，对于大多数工况（实心点），循环效率随性能恢复系数的增加近似线性增加，此外，四种通道情况下的循环效率随性能恢复系数的变化规律一致且数据点吻合较好。该结果

86

表明，性能恢复系数可以有效地评价回热器性能对循环效率的影响，回热器性能恢复系数越大，应用该回热器的S-CO$_2$布雷顿循环效率越高。需要注意的是，图6-14中部分数据点（空心点）与整体趋势出现了一定的偏差，这些数据点均为大能效（$\varepsilon>0.95$）且高雷诺数（$Re>30000$）的工况。在这些工况下，由于通道过长，回热器压降非常大。当压降过大时，不仅会对压缩机耗功有影响，还会影响副压缩机的分流比。回热器压降对分流比的影响如图6-15所示，它表示$\varepsilon=0.95$时分流比SR随热侧与冷侧压降的变化。可以看出，冷侧压降变化对分流比几乎没有影响，但随着热侧压降的升高，分流比明显升高。分流比增大会导致冷却器中流量减小，从而降低冷却器热负荷，这将有利于提升循环效率。因此，图6-14中空心点数据的循环效率在相同性能恢复系数下高于其他工况数据点，该结果表明，这种偏差是由分流比增大导致的。

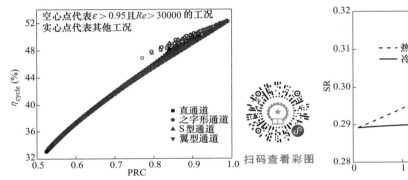

图6-14　循环效率随回热器性能恢复系数的变化　　　　图6-15　回热器压降对分流比的影响

实际工程应用中，在高雷诺数工况下，过高的能效（$\varepsilon>0.95$）不仅会增大回热器的体积，也会降低循环效率（见图6-7b中的讨论），并不推荐采用，此时，图6-14中空心点数据的偏差可以忽略，因此，性能恢复系数对于实际工程S-CO$_2$布雷顿循环中回热器的性能评价具有较好的适用性。

由于再压缩循环中，循环效率是回热器性能与分流比共同影响的结果，因此很难单独考核回热器性能对循环效率的影响。为消除分流比的影响并进一步验证性能恢复系数在其他循环构型中的适用性，进一步采用无再压缩过程的简单回热循环。为同时验证回热器性能恢复系数在其他热源参数及循环构型下的应用，选取三种典型的热源应用背景，包括燃煤发电系统（620℃/30MPa，二次再热）[30]、聚光型太阳能热发电系统（565℃/25MPa，一次再热）[88]与钠冷快核反应堆系统无再热循环（550℃/20MPa，无再热）[102]对性能恢复

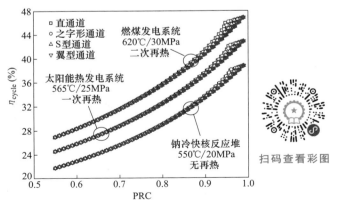

图6-16　多热源背景下循环效率随回热器性能恢复系数的变化

系数的通用性进行考查。多热源背景下循环效率随回热器性能恢复系数的变化如图 6-16 所示。可以看出，对每种热源应用背景，循环效率均随性能恢复系数单调递增，且所有数据点变化趋势吻合较好，该结果表明，性能恢复系数可拓展应用于多种热源参数背景下多级再热 $S-CO_2$ 布雷顿循环中回热器的性能评价。

6.5.3 发电/储能集成系统

图 6-17a 表示一种典型的 RC+SRH 发电/储能集成系统，相比于发电系统，集成系统在循环中增加了两个储罐（LPST 与 HPST）及两个节流阀。由 $T-s$ 图可以看出，集成系统与发电系统主要的不同就是节流阀的节流过程，两种系统中加热器与回热器的工作过程类似，如图 6-17b 所示。因此，PRC 有望拓展应用于发电/储能集成系统中。

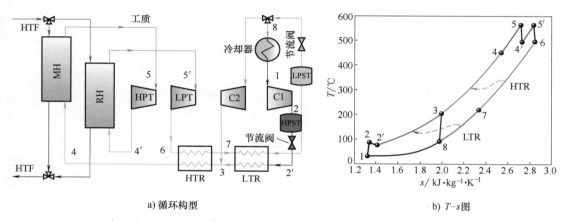

a) 循环构型   b) $T-s$ 图

图 6-17　发电/储能集成系统

储能/发电集成系统中 PRC 的适用性验证如图 6-18 所示，其中，MH 和 RH 同时采用某形式通道，可以看出，循环效率随 PRC 单调递增，且不同工况的数据高度重叠，证明了 PRC 在集成系统中的适用性。通过对比图 6-13a 与图 6-18 可以看出，集成系统中的储罐与节流过程只影响发电效率的绝对值，而对循环效率随 PRC 的变化趋势影响不大。因此，PRC 也可拓展至多种构型参数及多种工质的发电/储能集成系统中。

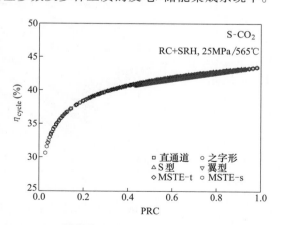

扫码查看彩图

图 6-18　储能/发电集成系统中 PRC 的适用性验证

6.5.4　预冷吸气式组合循环发动机中空气预冷器

预冷吸气式组合循环发动机是将两种及以上发动机系统、结构等有机融合而形成的一种具有水平起降能力且可重复使用的动力装置系统，空气预冷器是预冷-压缩系统的关键核心部件，它的性能对发动机热力循环效率及稳定运行有重要影响，系统与部件具有强耦合特性。

文献［103］采用式（6-18）计算 PRC，认为预冷器的 ε 和 σ_a 对循环效率的贡献几乎相等，考查了其在间接预冷循环系统中的适用性，并提出"温差流量匹配，分级并联减阻"原则，以降低流阻为目标，在传统单级预冷器基础上，引入再压缩过程，提出基于多级预冷器的氦气再循环回路方案。预冷吸气式组合循环发动机系统优化前后循环效率随性能恢复系数变化如图 6-19 所示，它表示优化后的两级预冷器与优化前的单级预冷器对比（燃料当量比取 1，增压比取 15）。结果表明，优化前后的循环效率均随 PRC 单调增加，证明 PRC 同样适用于不同构型的组合发动机循环；由于循环构型的改进，当 PRC 相同时，优化后的氦气再循环系统发动机循环效率显著提升。

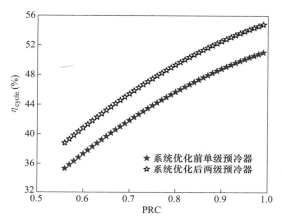

图 6-19　预冷吸气式组合循环发动机系统优化
前后循环效率随性能恢复系数变化

综上所述，提出的性能恢复系数 PRC 是基于布雷顿循环的发电与储能系统中加热器与回热器的通用评价准则，适用于多种构型、参数及工质的布雷顿循环，同时适用于多种形式的换热器。除布雷顿循环外，性能恢复系数同样适用于循环构型更加复杂的航天发动机动力系统，包括协同吸气式火箭发动机（synergetic air-breathing rocket engine，SABRE）系统、预冷空气涡轮火箭（pre-cooling air turbo rocket，PATR）组合动力系统等，可有效指导预冷器等相关换热器的优化设计。

PRC 可以简单地从换热器部件参数评价系统循环效率，从而避免了复杂的耦合分析；并且 PRC 反映了换热器传热与阻力性能的权衡，有助于从换热器性能参数上为换热器的优化设计提供方向，从而提升循环效率。

6.6　性能恢复系数的应用举例

对于换热器的优化，一方面，可以从部件层面通过合适的选型与流路布置的优化，提升换热器综合性能；另一方面，则可以从过程层面对换热器进行强化传热或流动减阻，发展高效低阻换热器新构型。下面将基于性能恢复系数，对换热器进行上述两方面的优化举例。

6.6.1　换热器的选型与优化布置

下面分别针对典型的间接吸热式塔式太阳能系统及直接吸热式 1000MW 级 S-CO$_2$ 燃煤

锅炉，探讨加热器的选型及优化布置构型。

1. 间接吸热系统

对于间接吸热式系统，可以通过改变中间换热器（MH 与 RH）的形式来提高循环效率，下面主要对 PCHE 不同通道形式进行优化设计。由于式（6-17）中阻力性能的权重系数均大于 1，说明在加热器中，阻力性能对循环效率的影响大于传热性能，因此，为提高循环效率，应主要关注加热器的阻力性能。

翼型通道由于阻力较小，总压恢复系数较高（图 6-20a），可以在四种 PCHE 通道中实现最高的 PRC 与循环效率，如图 6-20c 所示。然而，翼型通道紧凑度远低于之字形通道，若 MH 与 RH 均采用翼型通道时，其体积相对于采用之字形通道增加 43.9%，如图 6-20b 所示。因此，需要在保证循环效率的情况下，体积尽可能小。

由式（6-14）可知，由于 RH 压力较低，压降对 RH 的总压恢复系数影响较大，而对 MH 的总压恢复系数影响较小，应优先考虑低压通道的流动减阻。如图 6-20a 所示，采用翼型通道后，尽管 MH 的压降由之字形通道的 0.14MPa 显著降至 0.05MPa，但 σ_{MH} 仅稍有提升。因此，可采用之字形-翼型加热器，即 MH 采用之字形通道以提高紧凑度，而 RH 采用阻力较低的翼型通道以提高效率。与之字形通道相比，之字形-翼型加热器可使循环效率提高 0.4 个百分点，而与效率最高的翼型通道相比，优化后的结构可以减少 17.4% 的加热器总体积，而循环效率的损失只有 0.1 个百分点。

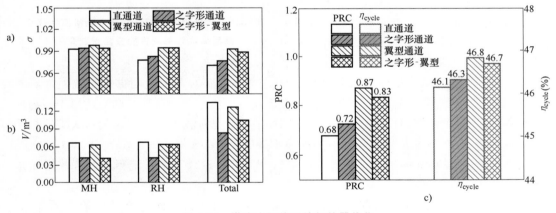

图 6-20　塔式太阳能系统加热器优化

值得注意的是，由于翼型通道的接触面积较小，其耐压性能较弱，因此在高压工况的 MH 中，应优先选用连续型通道以保证安全性，因此，综合考虑循环效率、紧凑度与耐压性能，推荐采用之字形-翼型加热器。

2. 直接吸热系统

对于直接吸热式系统，由于透平入口温度不变，可得出 $\sum \Delta Q = 0$ 且 $\chi = 1$，此时 PRC = σ_a^n，因此，直接吸热式系统加热器的优化主要通过提升总体总压恢复系数实现。以 1000MW 级 S-CO$_2$ 燃煤发电系统为例，对受热面布置进行优化，循环采用间冷+三级压缩+二次再热构型（IC+TC+DRH），主蒸气参数为 630℃/35MPa，如图 6-21 所示，具体计算方法详见本书第 7 章。

锅炉内的换热器主要包含两大类：一是辐射受热面，即冷却壁；二是对流受热面，即烟

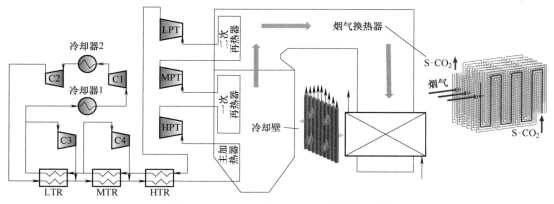

图 6-21　1000MW 级 S-CO₂ 燃煤发电系统

气换热器。冷却壁管数量受到锅炉表面积的约束，冷却壁单管内质量流量较大，导致压降较高，而烟气换热器可以简单地通过调整管数来控制压降。因此，冷却壁管中的压降一般远高于烟气换热器。因此，可以考虑对受热面进行优化布置以提高循环效率。

图 6-22a 表示典型的锅炉受热面布置方式，其中 CW 代表冷却壁，HE 代表烟气换热器，

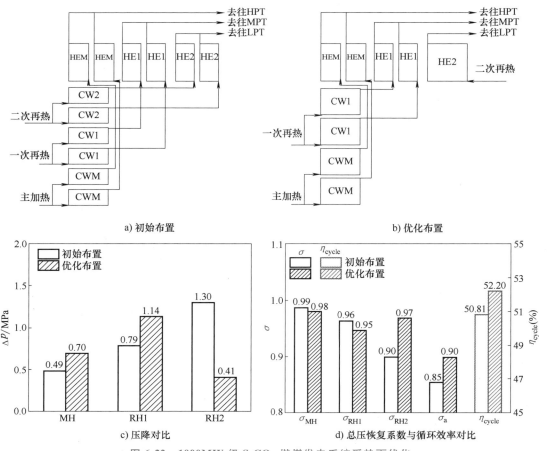

图 6-22　1000MW 级 S-CO₂ 燃煤发电系统受热面优化

M、1、2 分别代表主加热（MH）、一次再热（RH1）与二次再热（RH2）。初始布置中，采用分流减阻原理[31]，将 MH、RH1 与 RH2 分为两部分，每部分依次流过冷却壁与对流受热面，该布置可以很好地防止冷却壁超温。然而，该布置下，RH2 的压降可达 1.30MPa，由于它的工作压力较低，总压恢复系数 σ_{RH2} 仅有 0.90，导致总体总压恢复系数 σ_a 较低，为 0.85。因此，必须降低 RH2 的压降以避免过大的压降惩罚效应。

为降低 RH2 的压降，需要避免 RH2 流过冷却壁，因此，提出如图 6-22b 所示的锅炉受热面优化布置形式。与初始布置相比，优化布置将 MH 与 RH1 在冷却壁部分增高，使其布满整个冷却壁，另外，将整个 RH2 布置在对流受热面。优化后，虽然 MH 和 RH1 的压降分别提高 43.66% 和 44.62%，但由于工作压力较大，σ_{MH} 和 σ_{RH1} 的变化不大。而 RH2 的压降降至 0.41MPa，σ_{RH2} 由 0.90 显著提高到 0.97，从而使 σ_a 由 0.85 提高到 0.90，循环效率达到 52.2%，提高 1.4 个百分点。

6.6.2 高效低阻换热器新构型

根据性能恢复系数的定义式，要提升循环效率，循环中换热器的优化需要在保证能效的前提下，尽可能提升换热器的总体总压恢复系数，即保证在换热量不变的条件下，尽可能降低流动阻力。而根据本书 6.2 节的讨论可以得出，翼型通道的 PCHE 具有最高的综合换热性能，且用作回热器时可实现最高的循环效率。因此，基于翼型通道进行优化设计，进一步提升循环效率。

传统的翼型翅片（AFF）由于来流撞击在翼型翅片前端时，存在一个流动滞止区，在该区域内存在较大的速度梯度和压力梯度，导致局部阻力显著提升，这对循环效率是不利的。为避免该处出现较大的局部阻力，提出两种开槽式翅片，分别为纵向开槽翅片（LSF）和人字形开槽翅片（HSF），如图 6-23 所示。开槽翅片有助于壁面翅片前端处流动滞止区的产生，降低局部阻力，同时槽道可以增加换热面积，保证通道的总换热量。开槽翼型的流动传热性能通过数值模拟获得，控制方程与数值方法与前面研究相同，此处不再赘述。

图 6-24 为三种翅片通道无量纲流动传热性能，它表示三种通道 j 因子 $[j = Nu/(RePr^{1/3})]$ 和阻力因子 f 随雷诺数 Re 的变化。可以看出，j 因子与阻力因子 f 随雷诺数 Re 的增大而降低，对于三种通道，相同雷诺数下，HSF 的 j 因子最大，而 AFF 的 j 因子最小。该结果表明，开槽翼型结构可以对通道换热性能有一定的强化效果且 HSF 的换热性能最高。由图 6-24b 可以看出，AFF 的阻力因子最大，而 LSF 的阻力因子最小，其中，两种开槽翼型阻力因子较接近，均显著低于传统的 AFF，说明在翼型前端开槽可以显著降低通道流阻。

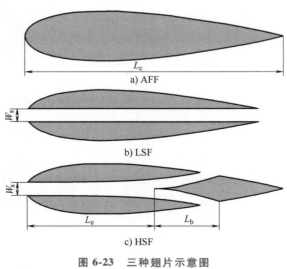

图 6-23　三种翅片示意图

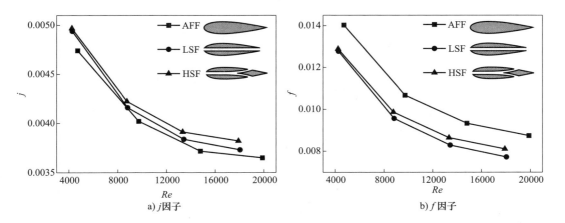

图 6-24 三种翅片通道无量纲流动传热性能

为评价开槽翼型通道的综合传热性能，分别采用两种准则：传统 PEC 因子的等流量表达式，及性能恢复系数比值 R，定义式为

$$R = \frac{\mathrm{PRC_{SF}}}{\mathrm{PRC_{AFF}}} \qquad (6\text{-}19)$$

式中，下标 SF 和 AFF 分别代表开槽翼型和传统（NACA）翼型。

可以看出，两种开槽翼型的 PEC 与 R 均大于 1，表明开槽翼型可以显著提升通道的综合传热性能。由图 6-25a 可以看出，LSF 的 PEC 因子高于 HSF，其中 LSF 的 PEC 值在较小流量时逐渐增加，但在较高流量时稍有下降，HSF 的 PEC 值则随流量的增加稍下降。由图 6-25b 可以看出，HSF 的性能恢复系数比值 R 高于 LSF，说明采用 HSF 通道的 PCHE 作为回热器时，循环效率最高。该结论与两种通道 PEC 的对比规律相反，该现象进一步说明，PEC 越高并不一定有利于循环效率的提升。

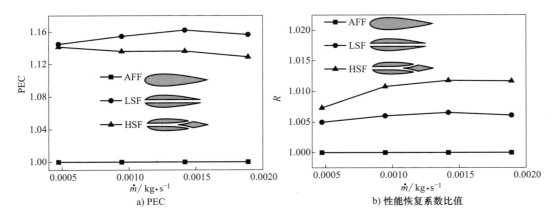

图 6-25 三种翅片通道综合传热性能

以采用 HSF 通道的 PCHE 作为回热器为例，将数值模拟所得到的回热器性能参数代入布雷顿循环计算，相比于传统 AFF 通道，HSF 通道可使循环效率提升约 0.2 个百分点，对于 1000MW 级燃煤发电系统，相当于每年节约 $1.34 \times 10^4 \mathrm{t}$ 标准煤。

6.7 小　结

本章阐述了一种解耦方法以评价换热器性能对循环效率的影响，同时基于该评价方法对直接与间接吸热系统的加热器进行优化设计，主要结论如下：

1）换热器综合性能评价方法的通用表达式为 $\xi = XY^n$，其中，X 和 Y 分别代表传热及阻力性能参数，n 为阻力性能的权重系数。

2）由换热器部件层面性能参数直接评价布雷顿循环效率的性能恢复系数的定义式为 $\mathrm{PRC} = \chi\sigma_a^n$，其中，$\chi = 1 - \sum \Delta Q / \sum Q_{h,ideal}$，$\sigma_a = \prod \sigma_{wf}$ 分别表征传热与阻力性能参数，验证了性能恢复系数是布雷顿循环中加热器与回热器的通用评价准则，适用于多种构型、参数及工质的布雷顿循环，也适用于多种形式的换热器。

3）根据性能恢复系数的定义式，循环中换热器的阻力性能对循环效率的影响大于传热性能，换热器的优化应优先考虑降低低压通道的流动阻力，基于性能恢复系数，对直接与间接吸热系统的加热器进行优化，循环效率分别提升 1.4 个百分点和 0.4 个百分点。

4）为进一步优化回热器的性能以提升 S-CO$_2$ 布雷顿循环的循环效率，对传统 PCHE 结构中性能最好的翼型通道进行优化，介绍了两种开槽翼型翅片（LSF 与 HSF），均可在保证换热量的情况下显著降低流阻，相比于传统 AFF 通道，采用 HSF 通道的 PCHE 作为回热器可使循环效率提升约 0.2 个百分点。

3

第三篇　超临界二氧化碳布雷顿循环发电和储能一体化

超临界二氧化碳（S-CO$_2$）布雷顿循环具有高效率等优势，是有望取代现役燃煤电厂水蒸气朗肯循环的未来技术，然而 S-CO$_2$ 燃煤发电系统存在系统和部件层面特性及二者间强耦合性问题。而且，随着煤炭消费的转型，发电和储能、煤炭能源和可再生能源的集成成为燃煤电厂可持续发展的关键，储能也是"构建以新能源为主体的新型电力系统"的关键支撑。本篇针对 S-CO$_2$ 燃煤发电系统，阐述系统、部件、过程多尺度耦合计算平台，完成 1000MW 级燃煤发电系统优化设计；针对 S-CO$_2$ 发电和储能、多热源的集成，构建单一和集成系统并进行评估。

1）从系统、部件、过程多个尺度层面阐述燃煤发电系统多尺度计算平台。讨论 S-CO$_2$ 燃煤锅炉换热器布局设计准则和热负荷匹配设计准则；聚焦尾部烟道压降对系统循环效率的惩罚效应和冷却壁低热安全性这两个关键设计问题，介绍净发电效率达 51.00% 的 1000MW 级 S-CO$_2$ 燃煤发电系统。

2）针对使燃煤电厂更灵活、更清洁的优化升级问题，讨论 S-CO$_2$ 燃煤发电和储能的集成和转化。阐述基于煤炭能源消费前景的"三步走"策略，并针对"三步走"策略讨论了各种循环构型并进行评估和优化，获得各阶段最优循环构型。

3）燃煤发电系统优化升级需要进一步讨论煤炭和可再生能源的集成。阐述了煤炭和太阳能集成的 S-CO$_2$ 发电系统和储能一体化系统，提出热源模块集成各类热源，明晰一体化系统的工作原理和运行模式，建立系统性能评价准则。分析热源模块和储能压力对系统性能的影响规律，阐述以"双碳"目标为导向的优先使用太阳能热源的系统灵活运行和匹配原则。

第7章

超临界二氧化碳燃煤发电系统多尺度计算平台和系统优化设计

S-CO$_2$ 燃煤发电系统关键部件包括：热源、透平、压缩机、回热器和冷却器。然而，S-CO$_2$ 燃煤锅炉作为热源，是由一系列辐射、半对流半辐射、纯对流受热面等不同种类的换热器组成的，其中烟气与 S-CO$_2$ 之间存在燃烧、辐射、对流、导热等多种物理过程。S-CO$_2$ 燃煤锅炉不同关键受热面的复杂特性使得 S-CO$_2$ 燃煤发电系统在系统、部件和过程不同尺度上呈现强耦合特性。但是，文献对 S-CO$_2$ 燃煤发电系统的相关研究停留在单一尺度，如系统层面仅考虑 S-CO$_2$ 燃煤发电循环效率优化而部件层面仅考虑 S-CO$_2$ 燃煤锅炉热效率及热安全特性。从系统、部件和过程多尺度耦合角度建立 S-CO$_2$ 燃煤发电系统计算平台可获得更精确的计算结果，且易发现可能存在的关键设计问题。

相比于传统水蒸气锅炉，S-CO$_2$ 燃煤锅炉的显著特点包括：①S-CO$_2$ 入口温度（约450℃）远高于水锅炉（约300℃），导致尾部烟道内余热较大、冷却壁的热安全特性较低，以及尾部换热器烟气与工质间的温差较小；②相同负荷下 S-CO$_2$ 质量流量约为水的 8 倍，当系统负荷在 100MW 以上时，需采用分流减阻原理以消除流量增加导致的压降对系统循环效率的惩罚效应。然而，文献中对 S-CO$_2$ 燃煤发电系统的理论分析仅考虑锅炉热平衡，而忽略了 S-CO$_2$ 炉内换热器中具体的流动传热过程，因此 S-CO$_2$ 炉内受热面布置原则和关键设计问题仍不清晰[104]。

本章阐述 S-CO$_2$ 燃煤发电系统的多尺度计算平台及 S-CO$_2$ 燃煤发电系统的优化设计。①基于 1000MW 级系统参数，考虑燃煤锅炉中不同换热器内烟气与 S-CO$_2$ 热质传递过程的特征，在部件层面建立 S-CO$_2$ 燃煤锅炉辐射、半对流半辐射、对流受热面内烟气与 S-CO$_2$ 的耦合传热计算模型；②基于所建立的 S-CO$_2$ 燃煤锅炉模型，发现过热器进出口参数与过热器热负荷间的强约束特性，针对不同受热面结构特性发展自适应微调模块，以保证±2%的热力计算收敛性；③通过部件层面、系统层面信息流交互，将 S-CO$_2$ 布雷顿循环与 S-CO$_2$ 燃煤锅炉耦合，构建 S-CO$_2$ 燃煤发电系统多尺度计算平台；④进行 1000MW 级 S-CO$_2$ 燃煤发电系统受热面一体化设计，提出 S-CO$_2$ 炉内受热面的布局设计准则和热负荷匹配准则，明晰 S-CO$_2$ 炉内受热面设计的 2 个关键问题：尾部受热面小温差引发的大压降惩罚效应及锅炉冷却壁高入口温度引起的超温问题，并分别针对性地介绍三级空预器构型以高效利用尾部烟道能量，及烟气再循环耦合冷却壁构型以优化提高整体热安全特性。

7.1 1000MW 级参数下 S-CO$_2$ 燃煤锅炉换热器单管一维流动传热计算模型

考虑到非均匀加热单管外壁面特征位置处温度分布特性与内壁面传热特性的紧密关系，通过引入相关物性参数建立的高精度关联式（3-23）和式（3-24）可分别预测 S-CO$_2$ 非均匀加热单管内壁面局部最高温度处表面传热系数和周向平均表面传热系数。S-CO_2 非均匀加热单管外壁面局部最高温度 $T_{w,out}$ 和周向平均温度不仅与内壁面特征位置处 S-CO_2 传热特性有关，还与管道构型（内径 d_i、外径 d_o、节距 s）、管道材质（热导率 λ_s）及非均匀热流分布特性 q_{max} 有关。

基于量纲分析法，可得：

$$T_{w,out} = f(d_i, d_o, s, \lambda_s, h_{inner}, q_{max}) \tag{7-1}$$

式中，h_{inner} 为管内壁特征位置处 S-CO_2 表面传热系数。

基于 1000MW 级 S-CO_2 燃煤发电系统运行工况参数（温度为 $450 \sim 630℃$，压力为 $12 \sim 35MPa$）建立 S-CO_2 非均匀加热单管外壁面局部最高温度和周向平均温度的预测关联式：

$$\begin{cases} T_{w,out,max} = T_b + 0.74\left(\dfrac{d_o}{s}\right)^{1.894}\left(\dfrac{d_i}{s}\right)^{-0.931}\left(\dfrac{h_{inner,top}s}{\lambda_s}\right)^{-0.512}\left(\dfrac{q_{max}s}{\lambda_s}\right) \\ T_{w,out,ave} = T_b + 0.307\left(\dfrac{d_o}{s}\right)^{1.470}\left(\dfrac{d_i}{s}\right)^{-1.648}\left(\dfrac{h_{inner,ave}s}{\lambda_s}\right)^{-0.717}\left(\dfrac{q_{max}s}{\lambda_s}\right) \end{cases} \tag{7-2}$$

式中，$T_{w,out,max}$ 和 $T_{w,out,ave}$ 分别为非均匀加热单管外壁面局部最高温度和周向平均温度；$h_{inner,top}$ 和 $h_{inner,ave}$ 分别为非均匀加热单管内壁面 S-CO_2 局部最高温度处的表面传热系数和周向平均表面传热系数。

进一步，应用第 3 章提出的新关联式（3-23）和式（3-24），可得：

$$\begin{cases} T_{w,out,max} = T_b + 0.74\left(\dfrac{d_o}{s}\right)^{1.894}\left(\dfrac{d_i}{s}\right)^{-0.931}\left(\dfrac{Nu_{inner,top}s\lambda_b}{d_i\lambda_s}\right)^{-0.512}\left(\dfrac{q_{max}s}{\lambda_s}\right) \\ T_{w,out,ave} = T_b + 0.307\left(\dfrac{d_o}{s}\right)^{1.470}\left(\dfrac{d_i}{s}\right)^{-1.648}\left(\dfrac{Nu_{inner,ave}s\lambda_b}{d_i\lambda_s}\right)^{-0.717}\left(\dfrac{q_{max}s}{\lambda_s}\right) \end{cases} \tag{7-3}$$

式中，$Nu_{inner,top}$ 和 $Nu_{inner,ave}$ 分别为非均匀加热单管内壁面 S-CO_2 局部最高温度处努塞尔数和周向平均努塞尔数；λ_b 为流体在 T_b 温度下的热导率。

为获得 S-CO_2 非均匀加热单管轴向沿程外壁面特征位置处温度分布，基于式（7-3）进一步发展一维流动传热模型。首先，稳态 S-CO_2 一维流动传热中的质量、动量和能量方程为

质量守恒方程：

$$\frac{d\dot{m}}{dx} = 0 \tag{7-4}$$

动量守恒方程：

$$\frac{dp}{dx} + \frac{dp_f}{dx} + \frac{\dot{m}^2}{A^2}\frac{d}{dx}\left(\frac{1}{\rho}\right) + \rho g\sin\theta = 0 \tag{7-5}$$

能量守恒方程：

$$\frac{di}{dx} - \left(\frac{1}{\rho}\frac{dp}{dx} + \frac{1}{\rho}\frac{dp_f}{dx} + \frac{\int_U q\,dU}{\dot{m}}\right) = 0 \tag{7-6}$$

式中，p_f 为摩擦压降；A 为管道横截面积；θ 为单管倾斜角度；$\dot{m}$ 为 S-CO_2 质量流量。

式（7-4）~式（7-6）的离散格式为向后差分，其离散单元如图 7-1 所示。

基于 1000MW 级 S-CO_2 燃煤发电系统运行工况参数，针对非均匀加热单管内 S-CO_2 轴

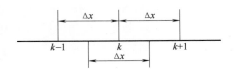

图 7-1 S-CO$_2$ 一维流动传热离散的控制容积

向变热流、轴向定热流运行工况，对比分析一维模型与三维商用软件的计算结果，验证了上述 S-CO$_2$ 非均匀加热单管一维流动传热模型的可靠性[104]。

7.2 S-CO$_2$ 燃煤发电系统多尺度计算平台

7.2.1 S-CO$_2$ 布雷顿循环模型

S-CO$_2$ 布雷顿循环的建模及优化分析中广泛采用了简化模型[13,105]。S-CO$_2$ 再压缩循环作为基础循环构型被广泛用于优化分析。如图 7-2 所示，S-CO$_2$ 再压缩循环包括透平、压缩机、回热器、冷却器和加热器。其中，"再压缩"的含义为在主压缩机 C1 的基础上，引入副压缩机 C2 以匹配回热器冷热两端热负荷，从而降低回热器的不可逆损失，这使回热器分为两部分，即高温回热器（high temperature recuperator，HTR）和低温回热器（low temperature recuperator，LTR）。为了方便理解 S-CO$_2$ 布雷顿循环各部件的计算模型，采用构型简单的 S-CO$_2$ 再压缩循环以介绍压缩机、透平、回热器（HTR、LTR）、冷却器的模型构建及相关假设条件。

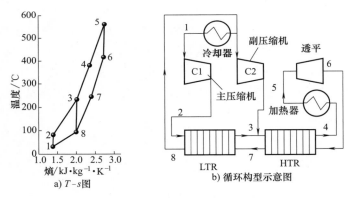

图 7-2 S-CO$_2$ 布雷顿再压缩循环示意图

1. 压缩机模型

压缩机模型采用绝热效率计算方法，计算式为

$$\eta_{c,s} = \frac{可逆过程压缩耗功}{实际过程压缩耗功} = \frac{i_{c,\text{outlet},s} - i_{c,\text{inlet},s}}{i_{c,\text{outlet}} - i_{c,\text{inlet}}} \tag{7-7}$$

式中，$\eta_{c,s}$ 为压缩机绝热效率；i 为 S-CO$_2$ 焓值；下标 c 代表压缩机（compressor）；下标 s 代表等熵过程计算值。

在 S-CO$_2$ 循环研究[13,31]中，压缩机绝热效率 $\eta_{c,s}$ 常取值为 89%。在进口状态及出口压力已知条件下，即可获得压缩机出口状态。

2. 透平模型

类似于压缩机模型，透平模型采用相对内效率计算方法，计算式为

$$\eta_{t,s} = \frac{实际过程膨胀做功}{可逆过程膨胀做功} = \frac{i_{t,outlet} - i_{t,inlet}}{i_{t,outlet,s} - i_{t,inlet,s}} \tag{7-8}$$

式中，$\eta_{t,s}$ 为透平相对内效率；下标 t 代表透平（turbine）。

在 S-CO$_2$ 循环研究[13,31] 中，透平相对内效率 $\eta_{t,s}$ 常取值为 93%。同样，在进口状态及出口压力已知条件下，即可获得透平出口状态。

3. 回热器模型

S-CO$_2$ 循环中回热器主要采用印刷电路板式换热器（PCHE）。回热器模型常采用夹点温度计算方法和压降假设法[13,31]，其中冷热流体两侧沿程最小温差即定义为夹点温度。夹点温度的值可综合反映回热器的换热效率和换热面积，在 S-CO$_2$ 循环中广泛采用 10K 作为回热器夹点温度[104,106]。根据回热器内 S-CO$_2$ 质量流量不同，S-CO$_2$ 回热器的压降假设取值为 0.1MPa 或 0.05MPa。

为获得回热器冷热两端流体的最小温差，将回热器离散为多个换热单元。通过对总压降假设值进行离散平均，则可得出沿程单个换热单元内压降。同时，对沿程各换热单元进行热平衡计算，则可得出单个换热单元内温度值。单个换热单元热平衡关系式为

$$Q_i = \dot{m}_{hot}(i_{hot,inlet,k} - i_{hot,outlet,k}) = \dot{m}_{cold}(i_{cold,outlet,k} - i_{cold,inlet,k}) \tag{7-9}$$

式中，$\dot{m}$ 为 S-CO$_2$ 质量流量；下标 cold、hot 分别代表回热器冷、热端流体。

如图 7-2 所示，由于再压缩结构，S-CO$_2$ 在 8 点处分为两部分，一部分进入冷却器，另一部分进入副压缩机 C2。8 点处的两部分 S-CO$_2$ 流量分配可通过 LTR 热平衡关系及质量守恒关系获得，计算式为

$$\begin{cases} \dot{m}_{C1}(i_{LTR,outlet} - i_{LTR,inlet}) = \dot{m}_{total}(i_{LTR,outlet} - i_{LTR,inlet}) \\ \dot{m}_{C1} + \dot{m}_{C2} = \dot{m}_{total} \end{cases} \tag{7-10}$$

4. 冷却器模型

冷却器模型采用热平衡计算方法及压降假设法，其中 S-CO$_2$ 冷却器压降假设值为 0.1MPa[104]，热平衡计算式为

$$Q_{cooler} = \dot{m}_{cooler}(i_{cooler,inlet} - i_{cooler,outlet}) \tag{7-11}$$

通过与文献中广泛验证的 Dostal 模型[107] 的循环效率进行对比，验证了 S-CO$_2$ 布雷顿动力循环模型可靠性[50]。

7.2.2　S-CO$_2$ 燃煤锅炉模型

S-CO$_2$ 燃煤锅炉各换热器内烟气与 S-CO$_2$ 之间热质传递环节示意如图 7-3 所示，它的传热过程本质可简化为局部热流密度 $q_{localized}$ 从管外烟气向管内 S-CO$_2$ 传递。由此，针对 S-CO$_2$ 炉内换热部件，可将其分解为两个耦合的子模块：①S-CO$_2$ 锅炉烟气侧流动传热计算模块，通过该模块可得出烟气放热量，即 $q_{localized}$；②S-CO$_2$ 锅

图 7-3　烟气与 S-CO$_2$ 之间热质传递环节示意

炉工质侧流动传热计算模块，通过该模块可得出换热管内 S-CO$_2$ 状态参数分布。

其中，S-CO$_2$ 锅炉内各换热器间的不同之处主要为烟气与传热管外管壁间的传热过程。根据两者间传热方式的不同，可将换热器分为三类：①辐射受热面，即炉膛冷却壁，它的传热方式以冷却壁与煤粉燃烧火焰间的辐射传热为主，而高温烟气与冷却壁的对流传热占比较小，仅约 5%[72]；②半辐射半对流受热面，主要包含炉膛出口附近及顶部烟道上游的换热器，由于烟气温度整体较高且烟气与传热管壁接触面增大，换热器内高温烟气与外管壁的辐射传热与对流传热均不可忽略；③对流受热面，主要包含顶部烟道下游及尾部烟道换热器，由于烟气温度较低，辐射传热占比较小，传热方式以烟气与外管壁的对流传热为主。

1. S-CO$_2$ 炉膛锅侧-炉侧耦合模型

S-CO$_2$ 炉膛锅侧-炉侧耦合模型将炉膛内部煤粉燃烧烟气对流辐射传热与冷却壁内工质对流传热耦合（图7-3）。S-CO$_2$ 锅炉采用哈尔滨锅炉厂传统 1000MW 等级锅炉模型，采用四角切圆燃烧方式和双炉膛构型以布置更多的辐射受热面[81]。其中，炉侧煤粉燃烧采用商用计算代码进行热态模拟，选取非预混燃烧（non-premixed combustion）模型、稳态离散相（discrete phase model，DPM）模型、标准 k-ε 湍流模型，以及 P1 辐射模型。设计煤粉收到基构成元素分析如表7-1所示。

表 7-1　设计煤粉收到基构成元素分析

碳 C_{ar}	氢 H_{ar}	氧 O_{ar}	氮 N_{ar}	硫 S_{ar}	灰分 A_{ar}	水分 M_{ar}	挥发分 V_{daf}	发热量 $Q_{net,ar}$
61.70	3.67	8.56	1.12	0.60	8.80	15.55	34.73	23442

锅侧 S-CO$_2$ 的流动传热计算则采用本书 7.1 节介绍的 S-CO$_2$ 冷却壁单管的一维流动传热计算模型。如图7-3所示，锅侧 S-CO$_2$ 的流动传热与炉侧的煤粉燃烧间的耦合变量为炉膛煤粉燃烧产生的辐射热流，即在耦合计算中通过炉侧煤粉燃烧热态模拟得到炉膛壁面热流 q_{max}，然后将 q_{max} 代入 S-CO$_2$ 冷却壁单管的一维流动传热计算模型，获得轴向沿程外壁面特征位置处温度，作为炉侧煤粉燃烧热态模拟的热边界条件。

2. 半辐射半对流受热面耦合模型

半辐射半对流受热面内高温烟气侧传热过程如图7-4所示。如图7-4a所示，顶部烟道上

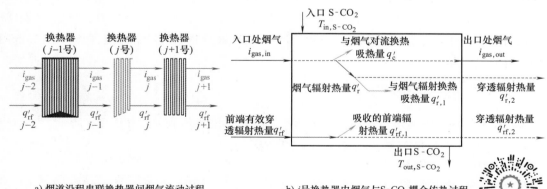

a) 烟道沿程串联换热器间烟气流动过程　　　b) j 号换热器内烟气与 S-CO$_2$ 耦合传热过程

图 7-4　半辐射半对流受热面内高温烟气侧传热过程

扫码查看彩图

游呈串联分布的半辐射半对流受热面烟气侧能量流包含两部分：高温烟气焓值 i_{gas} 和穿透辐射热量 q'_{rf}。如图 7-4b 中绿色标注，在某单元半辐射半对流换热器（j 号）内，一方面，高温烟气与换热器外管壁之间对流传热量为 q'_c；另一方面，换热器外管壁除吸收高温烟气部分直接辐射热量 $q'_{r,1}$ 外，还吸收部分来自前一级受热面的穿透辐射热量 $q'_{rf,1}$。而在该半辐射半对流换热器（j 号）烟气侧出口处，除焓值为 $i_{gas,out}$ 的高温烟气外，还包含部分未吸收的直接辐射热量 $q'_{r,2}$ 和部分未吸收的穿透辐射热量 $q'_{rf,2}$，两辐射热量（$q'_{r,2}$ 和 $q'_{rf,2}$）则组成 $j+1$ 号换热器入口处的前端有效穿透辐射热量 q'_{rf}。

由此可知，半辐射半对流受热面烟气侧放热量为

$$Q_{rc,heaters} = \psi B_{cal}(i_{gas,in} + q'_{rf} - i_{gas,out} - q'_{r,2} - q'_{rf,2}) = \psi B_{cal}(q'_c + q'_{r,1} + q'_{rf,1}) \quad (7\text{-}12)$$

式中，ψ 为锅炉保热系数；B_{cal} 为锅炉计算燃料消耗量。

辐射热量 q'_r、穿透辐射热量 q'_{rf} 和对流传热量 q'_c 计算方式见文献[50,108,109]。注意，锅炉烟道内半辐射半对流受热面总换热面积 A_{total} 包含换热器的计算受热面积 A_{cal}（即换热管总面积）和换热器四周包覆受热面的包覆面积 A_{cover}。根据烟气与 S-CO$_2$ 能量守恒关系，可得：

$$Q_{cal,heaters} = \psi B_{cal}(q'_c + q'_{r,1} + q'_{rf,1})\frac{A_{cal}}{A_{total}} = Q^{theory}_{CO_2,heaters} = \dot{m}_{CO_2,cal}(i_{CO_2,outlet} - i_{CO_2,inlet}) \quad (7\text{-}13)$$

式中，$Q^{theory}_{CO_2,heaters}$ 为换热器管内 S-CO$_2$ 吸热量；$\dot{m}_{CO_2,cal}$ 为换热器管内 S-CO$_2$ 质量流量；i_{CO_2} 为 S-CO$_2$ 焓值。

半辐射半对流换热器单管外壁面热流密度为

$$q_{max,rc} = \frac{Q_{cal,heaters}}{n_{total,tube}}\frac{1}{l_{tube}\pi d_o} \quad (7\text{-}14)$$

式中，$n_{total,tube}$、l_{tube} 分别为换热器管子总数量和单管长度。

3. 对流受热面耦合模型

半辐射半对流受热面位于烟道上游，而对流受热面位于烟道下游。烟道下游低温烟气辐射传热量较小，可以忽略不计，导致它的表面传热系数较低。为增大对流换热量，工程设计中常增加换热器管子数量以增加单位体积内换热面积。因此，半辐射半对流受热面和纯对流受热面可采用结构参数区分，表达式为

$$\frac{s_{1,sh}}{d_{o,sh}} \le 4 \quad (7\text{-}15)$$

式中，$s_{1,sh}$ 为换热器屏间节距；$d_{o,sh}$ 为换热管外径。

由于对流受热面中主要为对流传热，且烟气辐射传热量较小，因此其吸热量为

$$Q_{cal,heaters} = \psi B_{cal} q'_c = Q^{theory}_{CO_2,heaters} = \dot{m}_{CO_2,cal}(i_{CO_2,outlet} - i_{CO_2,inlet}) \quad (7\text{-}16)$$

101

4. 空气预热器热力计算模型

空气预热器选用三分仓回转式预热器。由于空气预热器内换热工质为烟气和空气，因此 S-CO$_2$ 燃煤锅炉中空气预热器热力计算模型与常规水锅炉相同。根据文献[108,109]，空气预热器烟气侧放热量为

$$Q_{gas} = \psi B_{cal}\left[i_{gas,in} - i_{gas,out} + \frac{\zeta_{air}}{2}(i_{air,in} + i_{air,out}) \right] \tag{7-17}$$

式中，ζ_{air} 为锅炉烟道漏风系数。

空气预热器空气侧吸热量可分为一次风和二次风吸热量，计算式为

$$Q_{air} = \overline{\zeta_{air}} B_{cal}(i_{air,out} - i_{air,in}) = \overline{\zeta_{air}} B_{cal}\left[g_1(i_{air1,out} - i_{air1,in}) + g_2(i_{air2,out} - i_{air2,in}) \right] \tag{7-18}$$

同时，三分仓回转式空预器内传热方式主要为烟气-换热板-空气的对流传热，它的对流传热量计算方式见文献[109]。

7.2.3 S-CO$_2$ 过热器强约束特性及自适应性模块

当 S-CO$_2$ 燃煤发电系统热负荷大于 100MW 时，由于 S-CO$_2$ 比焓较小，引起系统流量较大，导致压降对系统循环效率的惩罚效应，此时需要应用分流减阻原理及模块化设计法则[110]。在分流减阻的换热器模块化构型下，为保证过热器±2%的热力校核标准，S-CO$_2$ 过热器结构参数设计需匹配其热负荷要求。因此，过热器热负荷与该过热器的结构参数间具有很强的约束性[50]。为此，文献[50]发展了过热器热力校核自适应性修正模块，通过调整过热器的结构参数进行修正来匹配烟道沿程各过热器热负荷。

7.2.4 S-CO$_2$ 燃煤发电系统多尺度计算平台

基于 1000MW 级 S-CO$_2$ 燃煤发电系统参数，介绍 S-CO$_2$ 燃煤布雷顿循环（本书 7.2 节）耦合 S-CO$_2$ 燃煤锅炉热力设计（本书 7.2.2 节）的多尺度计算平台，流程图如图 7-5 所示。

该多尺度计算平台主要分为 4 个部分：①S-CO$_2$ 燃煤布雷顿循环计算；②S-CO$_2$ 燃煤锅炉炉膛冷却壁锅侧/炉侧耦合计算；③S-CO$_2$ 燃煤锅炉过热器/再热器热力计算；④空气预热器热力计算。其中，第 1 项为 S-CO$_2$ 燃煤布雷顿循环部分，第 2~4 项为 S-CO$_2$ 燃煤锅炉热力设计部分。在系统层面，S-CO$_2$ 燃煤布雷顿循环与 S-CO$_2$ 燃煤锅炉热力设计相耦合，两者交互信息为 S-CO$_2$ 热负荷分配；在部件层面，S-CO$_2$ 燃煤锅炉冷却壁、过热器、空气预热器根据烟气流向串联，不同受热面子模块间交互信息为 S-CO$_2$ 和烟气状态参数。特别地，如图 7-5 所示，S-CO$_2$ 燃煤发电系统多尺度计算平台采用了 aaS（ANSYS as a Server）模式以完成商用计算代码和 MATLAB 之间的信息交互。

该多尺度计算平台内在运行关系如下：在部件层面 S-CO$_2$ 冷却壁、过热器/再热器和空气预热器的各换热部件内，S-CO$_2$ 与烟气之间的热平衡和流动传热通过迭代达到 S-CO$_2$ 燃煤锅炉±2%的热力设计标准，以匹配 S-CO$_2$ 换热器热负荷及该换热器结构参数。在系统层面，迭代完成各部件设计，得到收敛后 S-CO$_2$ 燃煤发电系统的关键参数，计算系统净发电效率。

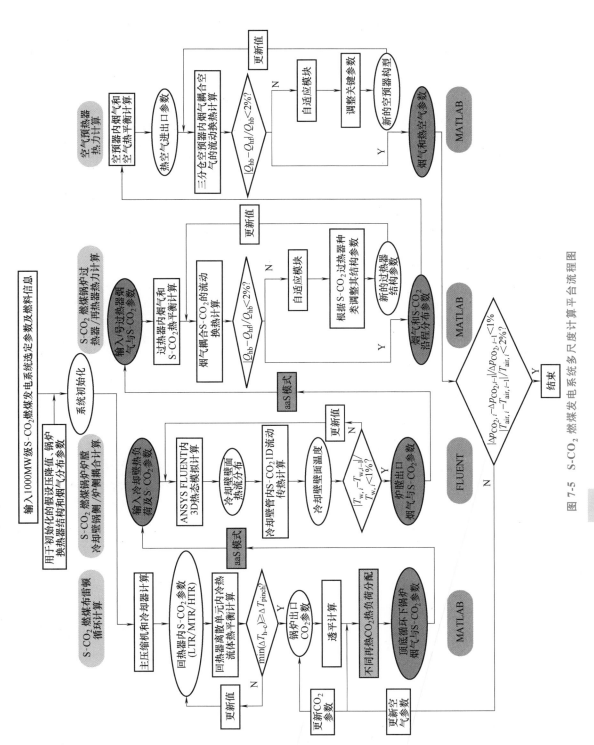

图 7-5　S-CO₂ 燃煤发电系统多尺度计算平台流程图

7.3 S-CO$_2$ 燃煤发电系统设计准则

7.3.1 1000MW 级 S-CO$_2$ 燃煤发电动力系统基础构型

采用文献[111] 中综合分流减阻原理、二次再热、中间冷却、顶底复合循环、能量复叠利用和三压缩构型发展的 1000MW 级 S-CO$_2$ 燃煤发电布雷顿循环作为基础构型，燃煤电厂参数为（630℃/630℃/630℃/35MPa）。基于上述阐述的 S-CO$_2$ 燃煤发电系统多尺度计算平台，计算得到基础系统构型（图 7-6）。初步设计的 1000MW 级 S-CO$_2$ 燃煤发电系统基础构型的工作原理如下。由于采用二次再热及基于协同原理的三压缩和中间冷却构型，循环系统包含 3 个透平机（T1～T3）、2 个冷却器（冷却器 1 和冷却器 2）、2 个主压缩机（C1 和 C2）、2 个副压缩机（C3 和 C4）及 3 个回热器。依照工作区间，回热器可分为低温回热器（LTR）、中温回热器（MTR）和高温回热器（HTR）。同时，由于采用顶底循环方式回收尾部余热，在 S6 和 B2 处换热器可表征为顶循环换热器和底循环换热器。此外，由于采用分流减阻原理[31]，冷却壁入口处主加热、一次再热和二次再热流体均分为两股流体，因此冷却壁分为 C1~C6 共 6 部分，与之对应的烟道内顶循环过热器也共 6 个，即 S1～S6。底循环主要为吸收尾部烟道内烟气余热，因此底循环流从中温回热器高压侧出口（14 点）依次进入底循环换热器 B1、B2，并在高压透平 T1 入口处与顶循环主加热的两股流体汇合进入 T1 做功。

7.3.2 S-CO$_2$ 锅炉各受热面布局设计准则

下面从循环效率和透平入口参数均匀性方面讨论 S-CO$_2$ 锅炉炉内各受热面布局设计准则。

首先，S-CO$_2$ 在锅炉内的压降对循环效率（η_{cycle}）影响较大，图 7-7 表示不同再热次数下 S-CO$_2$ 压降值变化对循环效率的影响。从图 7-7 中可知，循环效率对二次再热 S-CO$_2$ 压降值最敏感，其次为一次再热、主加热。因此，循环效率最大化准则可表示为：为尽可能提高 S-CO$_2$ 循环效率，在 S-CO$_2$ 炉内受热面布置中应依据压降分布布置各受热面，且优先度依次为二次再热、一次再热、主加热用换热器。其次，透平入口参数的不均匀性会导致透平运行的不稳定性。图 7-8 表示不同受热面布局中透平入口处主加热/一次再热/二次再热 S-CO$_2$ 压力分布特性。注意，布局 1 的典型特征为不同再热次数的 S-CO$_2$ 分流后两股流体流程差别较大，而布局 2 下分流后 S-CO$_2$ 的两股流体流程则较相近。从图 7-8 可知，布局 1 下透平入口处 S-CO$_2$ 压力参数不均匀性较大；布局 2 中不同再热次数的每股 S-CO$_2$ 流体流程较相似，而相似的工况环境使得每股 S-CO$_2$ 流体具有相近的摩擦阻力。基于以上分析可知，透平入口处压力均匀性准则可表示为：为尽可能保证透平入口参数分布均匀，S-CO$_2$ 炉内受热面的布置应使得分流后的每股 S-CO$_2$ 流程相近。

7.3.3 S-CO$_2$ 炉内各受热面热负荷匹配设计准则

下面从屏式过热器空间利用合理性、换热器面积分布和冷却壁热安全性 3 个方面讨论 S-CO$_2$ 炉内换热器热负荷匹配设计准则。S-CO$_2$ 燃煤发电系统炉内换热器布局主要包含 S-CO$_2$

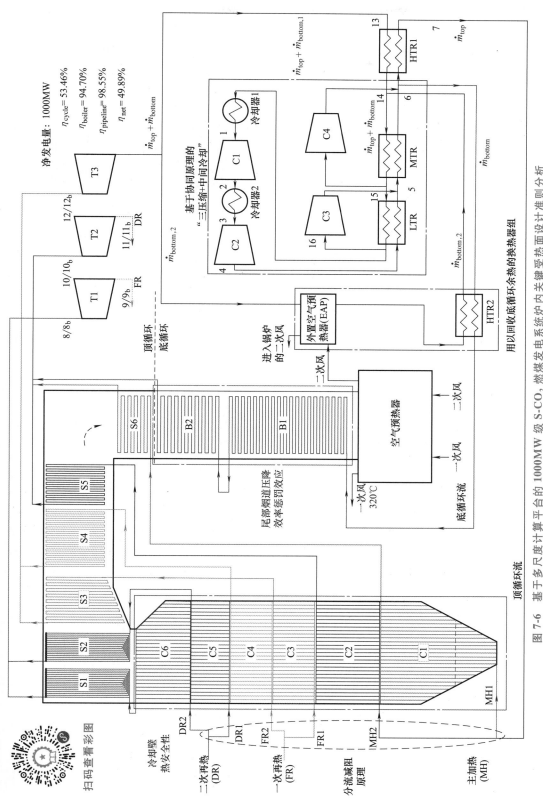

图7-6 基于多尺度计算平台的1000MW级S-CO₂燃煤发电系统炉内关键受热面设计准则分析

注：炉内换热器C、S、B分别为冷却壁、过热器、底循环换热器；冷却壁热负荷比例为q_{MH1}：q_{MH2}：q_{FR1}：q_{FR2}：q_{SR1}：q_{SR2} = 0.215：0.215：0.215：0.165：0.12：0.12。

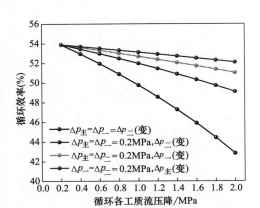

扫码查看彩图

图 7-7 主加热/一次再热/二次再热 S-CO₂
压降值对循环效率的影响

注：$\Delta p_{主}$、$\Delta p_{一}$ 和 $\Delta p_{二}$ 分别为主加
热、一次再热和二次再热的压降值。

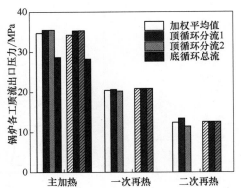

图 7-8 不同受热面布局中透平入口处主加热/
一次再热/二次再热 S-CO₂ 压力分布特性

注：空心柱表征的受热面布局：MH1-C1-S1，MH1-C2-S2，
FR1-C3-S3，FR2-C4-S5，DR1-C5-S4，DR2-S6；
阴影柱表征的受热面布局：MH1-C1-S6，MH1-C2-S5，
FR1-C3-S3，FR2-C4-S4，DR1-C5-S2，DR2-C6-S1。

炉内各换热器的位置及各换热器间的连接方式。注意，S-CO₂ 受热面热负荷匹配可由无量纲变量 q_{MH1}，q_{MH2}，q_{FR1}，q_{FR2}，q_{DR1} 和 q_{DR2} 表示[50]。

首先，在炉膛出口处主要为屏式过热器，其沿炉膛深度方向的结构示意图如图 7-9a 所示，关键结构参数包括屏式过热器与前墙距离 D_{pf}、屏式过热器深度 D_p、屏式过热器与后墙距离 D_{pr}，以及屏式过热器间距 D_{pg}。以 D_{pg} 为表征屏式过热器结构合理性的特征变量，而 D_p 则为与屏式过热器热负荷 $Q_{DR,superheater}$ 相关的自变量，D_{pf} 和 D_{pr} 为常量（$D_{pf}=0.5$ m，$D_{pr}=0.6$ m）。屏式过热器热负荷可用冷却壁热负荷无量纲比例 q_{DR1} 和 q_{DR2} 替换。当 q_{DR1} 小于 1.2 时，D_{pg} 出现负值，意味着炉膛出口处 2 个屏式过热器出现交叠的不合理现象，而这一现象随着 q_{DR1} 的增加而得到改善。注意，当 q_{DR1} 远大于 1.2 时，D_{pg} 过大，意味着屏式过热器空间利用率较低。因此，屏式过热器空间利用合理性准则可表达为：为保证炉膛出口处屏式过热器的空间利用合理性，以屏式过热器间距为特征变量，首先应合理分配炉内各换热器热负荷使屏式过热器间距为正值且应尽可能小，以保证屏式过热器有较高的紧凑度。

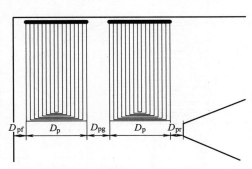

a) 屏式过热器沿炉膛深度方向的结构示意

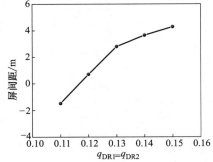

b) 热负荷变化对特征变量 D_{pg} 的影响

图 7-9 热负荷比例变化对屏式过热器间距 D_{pg} 的影响

注：屏式过热器 S1、S2 内为二次再热流体。

其次，在完成屏式过热器内 S-CO₂ 流体热负荷（$q_{DR1} = q_{DR2} = 1.2$）分配后，基于换热器面积分布分析一次再热 S-CO₂ 流体的热负荷（q_{FR}）分配（图 7-10）。从中可知，换热器 S3～S6 的总面积随着 q_{FR} 的增加先增大后减小。特别地，图 7-10a 表示总面积分布的 3 个特征值（$q_{FR1} = q_{FR2} = 0.140$、$0.155$、$0.165$）处换热器 S3～S6 的面积。其中，$q_{FR1} = q_{FR2} = 0.155$ 时换热器 S3～S6 最大的总面积被选定为对比参照组。结合图 7-10b 所示烟气温度 T_f、S-CO₂ 温度 $T_{b,average}$ 和总传热系数 U 分布，根据 $Q = UA\Delta t$ 可对比分析获得 $q_{FR1} = q_{FR2} = 0.140$ 和 $q_{FR1} = q_{FR2} = 0.165$ 下各换热器面积分布变化规律[50]。

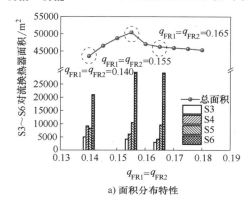

a) 面积分布特性

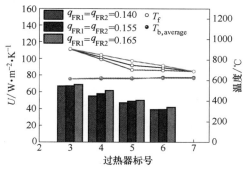

b) 烟气温度 T_f、S-CO₂ 温度 $T_{b,average}$ 和总传热系数 U

图 7-10　热负荷比例变化对过热器 S3～S6 处面积分布和传热的影响

注：S3、S4 内为一次再热流体，S5、S6 内为主加热流体。

最后，以炉膛周向最高壁面温度为表征值，分析 q_{FR} 变化对冷却壁热安全特性的影响，如图 7-11 所示。注意，炉膛中部（22.6～37.6m）为燃烧器布置区域，此处壁面温度最高。对比不同 q_{FR} 下冷却壁周向最高壁面温度可知，当 $q_{FR1} = q_{FR2} = 0.165$ 时，冷却壁的壁面温度整体较低。因此，尽管 $q_{FR1} = q_{FR2} = 0.140$ 相比于 $q_{FR1} = q_{FR2} = 0.165$ 具有更低的换热面积，但是 $q_{FR1} = q_{FR2} = 0.165$ 时冷却壁具有更好的热安全特性。为保证 S-CO₂ 锅炉实际运行安全，在初步设计中采用的热负荷比例为 $q_{MH1} : q_{MH2} : q_{FR1} : q_{FR2} : q_{DR1} : q_{DR2} = 0.215 : 0.215 : 0.165 : 0.165 : 0.12 : 0.12$。

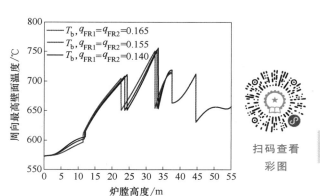

图 7-11　热负荷比例变化对冷却壁热安全特性的影响

注：C1、C2 内为主加热流体；C3、C4 内为一次再热流体；C5、C6 内为二次再热流体。

扫码查看彩图

7.4　1000MW 级 S-CO₂ 燃煤发电系统优化

1000MW 级 S-CO₂ 燃煤发电系统面临 2 个关键设计问题：①尾部烟道压降惩罚效应；②冷却壁热安全特性。下面分别提出尾部烟气能量的高效利用方法和冷却壁热安全特性的增强方法，优化构型如图 7-12 所示。各关键部件参数见文献［104］。

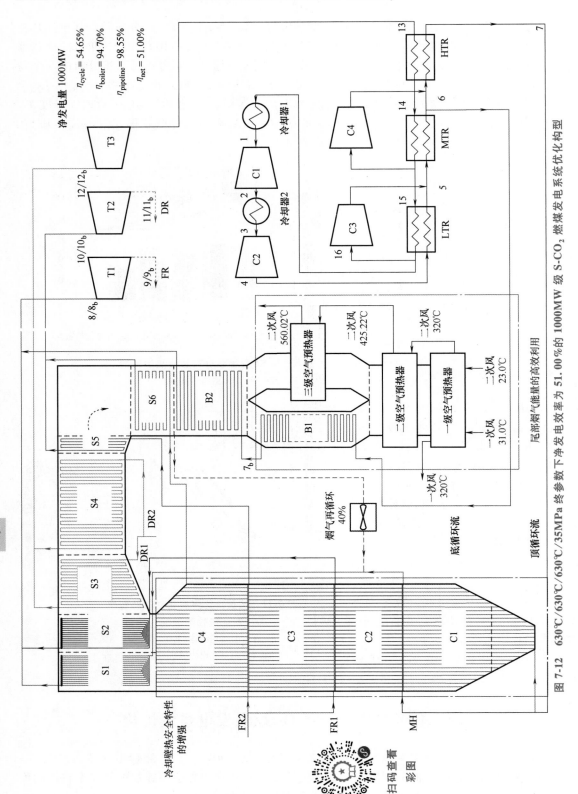

图 7-12 630℃/630℃/630℃/35MPa 终参数下净发电效率为 51.00% 的 1000MW 级 S-CO₂ 燃煤发电系统优化构型

7.4.1　尾部烟道内烟气能量高效利用

尾部受热面 B1 内 S-CO$_2$ 大压降对系统效率惩罚主要是由于尾部受热面烟气与工质之间温差较小，导致尾部换热器较大，工质流程增加，引起底循环较大压降。分析尾部烟道换热器管道压降和热负荷可得如下关系式[104]：

$$\Delta p \propto Q_{\mathrm{cal,heaters}}^3 \tag{7-19}$$

式中，$Q_{\mathrm{cal,heaters}}$ 为尾部受热面热负荷。

由此可知，可通过降低尾部受热面的 $Q_{\mathrm{cal,heaters}}$ 大幅降低尾部受热面压降。首先构造如图 7-13a 所示的尾部双烟道构型（情况 A），通过烟气分流降低尾部受热面 B1 的热负荷，定义烟气分流比为

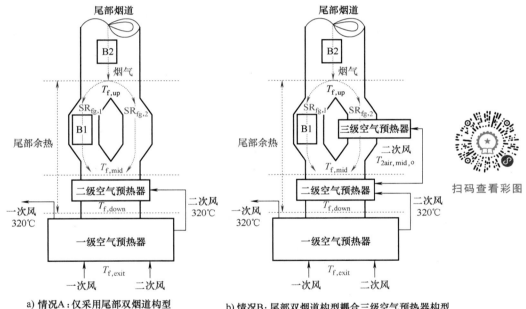

扫码查看彩图

a) 情况A：仅采用尾部双烟道构型　　　b) 情况B：尾部双烟道构型耦合三级空气预热器构型

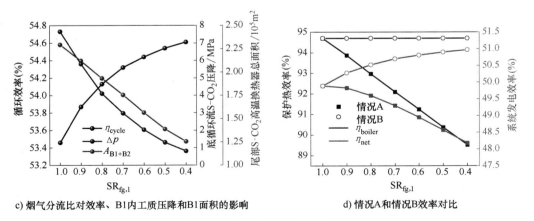

c) 烟气分流比对效率、B1内工质压降和B1面积的影响　　　d) 情况A和情况B效率对比

图 7-13　尾部余热高效利用方式

109

$$SR_{fg,1} = \frac{Q_{B1}}{B_{cal}(i_{f,rh,up} - i_{f,rh,mid})} \tag{7-20}$$

式中，i_f 为烟气焓值。

注意，当 $SR_{fg,1}$ 为 1 时，即为不采用双烟道构型的原始构型。由于情况 A 未利用 $SR_{fg,2}$ 部分的烟气能量，因此进一步提出三级空预器构型（情况 B），如图 7-13b 所示。对比情况 A 与情况 B 可知，情况 A 中烟气分流比增加会导致锅炉热效率降低，因此尽管循环效率增加，但由于锅炉热效率大幅降低，使得系统净发电效率有所降低。通过引入三级空预器来回收 $SR_{fg,2}$ 部分的尾部余热，使得锅炉热效率可以保持为 94.70%。此时，系统净发电效率可以通过高效的尾部余热利用方式的优化而提升。进一步地，可从系统换热器布置角度确定烟气分流比 $SR_{fg,1}$ 的取值范围，根据文献 [104]，烟气分流比 $SR_{fg,1}$ 可取值为 0.45。

7.4.2　S-CO₂ 冷却壁热安全特性

S-CO₂ 冷却壁热安全性较低主要有两个原因：①在炉侧，炉膛内煤粉燃烧的辐射热流过高；②在锅侧，冷却壁管道内 S-CO₂ 入口温度过高。针对前者，文献 [52, 112] 采用烟气再循环（flue gas recirculation，FGR）方式以降低炉侧热流密度；针对后者，文献 [81] 提出"冷热匹配，层级降温"原则以指导 S-CO₂ 冷却壁布置。下面讨论烟气再循环的抽气点位置和抽气比例。

烟气再循环（FGR）的原理示意如图 7-14 所示。当烟气再循环开启时，首先从尾部烟道抽气点抽取部分低温烟气，通过烟气再循环风机进入前端送气点，此时送气点和抽气点中间的烟气温度都会有所降低。其中，抽气点处烟气的抽取比例定义式为

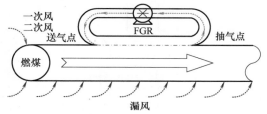

图 7-14　烟气再循环（FGR）的原理示意

$$SR_{FGR} = \frac{\dot{V}_{FGR}}{\dot{V}_{original}} \tag{7-21}$$

式中，$\dot{V}_{FGR}$ 为抽气点处所抽取烟气的体积流量；$\dot{V}_{original}$ 为没有烟气再循环时抽气点处烟道内烟气的体积流量。

首先，考虑尾部换热器内 S-CO₂ 及烟气温度较低，图 7-15 表示烟气再循环抽气比例和抽气点对尾部烟道换热器传热温差的影响。

尾部烟道内靠近下游的换热器 S6、B2 和 B1 被选为特征换热器。由于换热器内传热温差不可为负值，因此，由图 7-15b～d 可知，只有在情况 3 抽气点位置，尾部烟道内换热器 S6、B2 和 B1 内传热温差均大于 0，因此尾部烟道内抽气点应布置在 S6 与 B2 之间。这主要是因为烟气再循环会显著降低送气点和抽气点区间内烟气温度，而换热器内 S-CO₂ 的温度变化则较小。

其次，在确定烟气再循环抽气点位置后，进一步从循环效率和冷却壁热安全特性方面研究烟气再循环抽气比例的影响。一方面，抽气比例会影响烟气温度分布，改变换热器换热面积分布，导致换热器内 S-CO₂ 的压降变化，进而引发循环效率变动；另一方面，烟气再循环抽气比例对炉膛内燃烧辐射热流密度分布也有较大影响，特别是在炉膛中部燃烧器区域。这

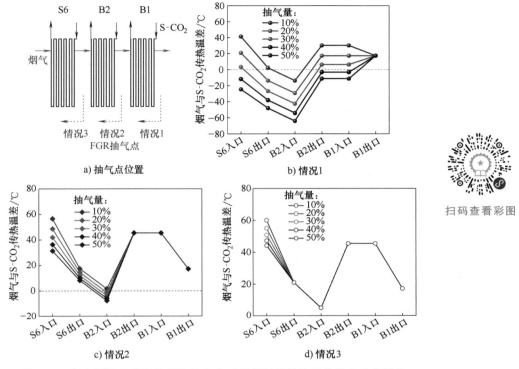

图 7-15　烟气再循环抽气比例和抽气点对尾部烟道换热器传热温差的影响

主要是因为烟气再循环中的烟气送气点主要在燃烧器区域，因此炉膛中部燃烧器区域热流密度大幅降低，同时由于烟气再循环后炉膛内烟气量增加，烟气流速增加使得切圆燃烧下炉膛内烟气混合更均匀，因此冷灰斗附近热流密度上升，此时炉膛内热流密度分布型线也更均匀。综合考虑抽气比例对尾部换热器传热温差、循环效率及对炉膛热流密度分布的影响，采用 40% 的烟气再循环抽气比例。烟气再循环抽气比例对炉内煤粉燃烧辐射热流的影响如图 7-16 所示。

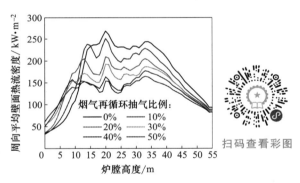

图 7-16　烟气再循环抽气比例对炉内煤粉
燃烧辐射热流的影响

　　图 7-17 表示无烟气再循环和 40% 烟气再循环抽气比例下 S-CO$_2$ 冷却壁壁温的分布特性。40% 烟气再循环抽气比例下冷却壁壁面温度的最高值可低于 700℃。注意，40% 烟气再循环比例下，冷却壁从无烟气再循环的基础构型中的 6 部分变成 4 部分。这主要是因为烟气再循环下，炉膛内煤粉燃烧温度降低使得炉膛辐射热流密度大幅降低，因此炉膛冷却壁热负荷降低。

7.4.3　S-CO$_2$ 燃煤锅炉换热器布局优化

　　对比基础构型与优化构型可知，两种 S-CO$_2$ 燃煤发电系统构型在换热器布局方面也有所

扫码查看彩图

扫码查看彩图

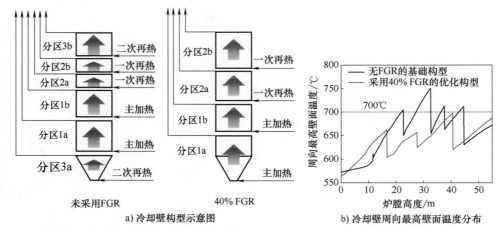

a) 冷却壁构型示意图　　　　b) 冷却壁周向最高壁面温度分布

图 7-17　无烟气再循环和 40%烟气再循环抽气比例下 S-CO₂ 冷却壁壁温的分布特性

不同。这主要是因为在尾部烟道内双烟道、三级空预器构型及烟气再循环方式下，优化构型中 S-CO₂ 炉内换热器外部烟气侧能量分布变化较大。下面基于本书 7.3 节中的 S-CO₂ 燃煤锅炉各受热面布局设计准则及热负荷匹配设计准则，阐述基础构型与优化构型 S-CO₂ 燃煤锅炉换热器布局不同的原因。

为分析广义的 S-CO₂ 炉内换热器中工质压降，尾部换热器内 S-CO₂ 压降表达式可写为

$$\Delta p = \frac{1}{U\Delta t}\frac{8f(i_{\text{outlet}}-i_{\text{inlet}})\dot{m}_{\text{CO}_2,\text{cal}}^3}{\rho\pi^3}\frac{1}{d_{o,\text{sh}}d_i^5 n_{\text{tube,total}}^3}=\frac{fd_i(i_{\text{outlet}}-i_{\text{inlet}})}{8\rho d_{o,\text{sh}}}\frac{G_{\text{CO}_2,\text{cal}}^3}{U\Delta t} \qquad (7\text{-}22)$$

式中，$G_{\text{CO}_2,\text{cal}}$ 为单管内 S-CO₂ 质量流速。

由于 S-CO₂ 进出口参数在本书 7.4.2 节冷却壁优化设计中已确定，因此与 S-CO₂ 工况参数相关的 f、ρ 和 $i_{\text{outlet}}-i_{\text{inlet}}$ 当作常数。同样地，由于与换热器结构参数相关的 d_i 和 $d_{o,\text{sh}}$ 由自适应模块调控以匹配固定的热负荷，因此也可视作常数。基于此，式（7-22）可进一步改写为

$$\Delta p \propto \left(\frac{1}{U},\frac{1}{\Delta t},G_{\text{CO}_2,\text{cal}}^3\right) \qquad (7\text{-}23)$$

基于式（7-23），图 7-18 表示优化构型下 S1~S6 各 S-CO₂ 过热器内总传热系数 U、传热温差 Δt 和单管内 S-CO₂ 质量流速 $G_{\text{CO}_2,\text{cal}}$ 的分布特性。由式（7-23）可知，单管内 S-CO₂ 的 $G_{\text{CO}_2,\text{cal}}$ 对压降起主要作用，而 U 和 Δt 则起次要作用。因此，根据循环效率最大化准则，S3、S4 内为二次再热流体，而 S5、S6 内为一次再热流体，S1、S2 内为主加热流体。所以，在优化构型下，S-CO₂ 压降值依据再热次数依次为：二次再热、一次再热和主加热。

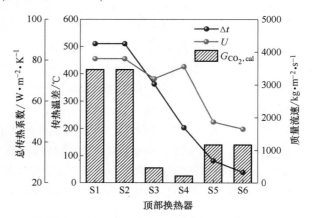

图 7-18　优化构型下 S1~S6 各 S-CO₂ 过热器内总传热系数、传热温差和质量流速的分布特性

7.5　小　　结

首先，基于 1000MW 级 S-CO$_2$ 燃煤发电系统参数，综合考虑 S-CO$_2$ 循环和锅炉热力设计，阐述了多尺度计算平台。其次，针对 S-CO$_2$ 燃煤发电系统炉内受热面设计，介绍了换热器布局设计准则和热负荷匹配设计准则，明晰了两个关键设计问题，即尾部烟道压降对系统循环效率的惩罚效应和冷却壁低热安全性。最后，有针对性地分别介绍锅炉尾部烟气能量高效利用方式及烟气再循环下的锅炉冷却壁布局，以及最终一体化设计的 S-CO$_2$ 燃煤锅炉受热面。主要结论如下：

1）基于 1000MW 级 S-CO$_2$ 燃煤发电系统参数，以 S-CO$_2$ 和烟气状态参数为部件层面交互参数，以 S-CO$_2$ 换热器热负荷为系统层面交互参数，将 S-CO$_2$ 燃煤锅炉与 S-CO$_2$ 燃煤循环动力系统耦合，建立了 S-CO$_2$ 燃煤发电系统多尺度计算平台，该多尺度计算平台可实现系统、部件、过程各层面信息的交互，揭示 S-CO$_2$ 辐射、半对流半辐射、对流受热面部件特性及 S-CO$_2$ 燃煤锅炉对系统的影响，提高了计算精度，可辅助探究 S-CO$_2$ 燃煤发电系统工程设计关键问题，突破了 S-CO$_2$ 燃煤发电研究的单一尺度限制。

2）对于 S-CO$_2$ 燃煤发电系统受热面布局设计，应首先根据循环效率最大化准则和透平入口压力均匀性准则确定各换热器的位置及各换热器间的连接方式，然后根据屏式过热器空间利用合理性准则、换热面积最小化准则和冷却壁热安全性准则确定各换热器热负荷。

3）尾部烟道内烟气能量高效利用方式的关键为降低尾部受热面热负荷以降低工质压降。双烟道构型可有效降低尾部受热面热负荷，同时配置三级空预器构型，可保证较高的锅炉热效率，因此可降低尾部烟道内换热器大压降造成的效率惩罚效应。此外，在合理的烟气分流比下，该尾部烟气能量利用方式可进一步简化系统构型。

4）烟气再循环通过降低炉膛内辐射热流密度，可显著增强冷却壁的热安全性能。烟气再循环的使用需综合考虑抽气点位置和抽气比例对尾部换热器、循环效率和冷却壁热安全性能的影响。烟气再循环的抽气点位置应位于 S6 和 B2 之间，抽气比例推荐为 40%。

5）针对 630℃/630℃/630℃/35MPa 下一代电站锅炉终参数，优化后 1000MW 级 S-CO$_2$ 燃煤发电系统净发电效率可达 51.00%，同时系统整体热安全性均保证壁温低于材料许用温度 700℃。相比于 49.89% 净发电效率的 S-CO$_2$ 燃煤发电基础构型，优化构型每年可节省约 5.197×10^{4}t 标准煤。

第8章

基于"三步走"策略的超临界二氧化碳燃煤发电与高效储能系统的集成与转化

　　燃煤发电系统优化升级还需考虑如何在"双碳"目标下实现燃煤电厂与其他动力系统的集成甚至转化，以推动电厂更灵活、更清洁的可持续发展。前文介绍的S-CO$_2$布雷顿循环代替传统蒸汽朗肯循环的燃煤发电模式，其高循环效率、高系统紧凑度和对材料的低腐蚀性使得S-CO$_2$燃煤发电成为极具发展前景的动力系统之一，为传统燃煤电厂升级优化奠定了基础。然而，由于煤炭能源的高碳性和不可再生，它的定位将会从主要能源逐渐过渡至辅助能源。因此，如何逐步完成燃煤发电向低碳动力系统的转化是实现燃煤电厂可持续发展的重中之重。

　　本章阐述S-CO$_2$燃煤发电系统与S-CO$_2$储能系统的集成与转化，它是实现该目标的可行道路。基于建立的系统热力学模型并提出性能评价准则，通过对比S-CO$_2$发电循环与储能循环，介绍发电与储能集成和转化的"三步走"策略。第一步，当煤炭仍作为主要能源时，S-CO$_2$燃煤发电循环集成储能；第二步，当煤炭能源使用量逐渐减少，S-CO$_2$储/发集成系统需集成多种热源；第三步，当移除所有外部热源，提出纯电-电转化的高效绝热S-CO$_2$储能系统。同时，对各种循环进行评估和优化，获得每个发展阶段下的循环最优构型。

8.1　S-CO$_2$布雷顿燃煤发电系统与储能系统模型及性能评价准则

　　为分析S-CO$_2$燃煤发电系统与储能系统集成与转化的可行性，首先需要针对两个系统的热力循环进行分析对比，需要分别建立它们的热力循环计算模型。模型包含以下假设：

1）储能和释能过程的循环质量流量和运行时长相同。

2）循环参数计算基于单位质量流量。

3）回热器和加热器中压降假设为0.1MPa。

4）回热器夹点温度设为10℃。

5）压缩机和透平的等熵效率分别设为0.89%和0.9%。

6）忽略系统中的动能和势能。

7）忽略管道及各个部件内的热量及摩擦损失。

8.1.1　S-CO$_2$燃煤发电循环模型

　　再压缩S-CO$_2$燃煤发电循环如图8-1所示。循环包含透平（T）、主压缩机（C1）、副压缩机（C2）、加热器、高温回热器、低温回热器和冷却器。加热器表示S-CO$_2$燃煤发电系统锅炉炉膛冷却壁及烟道换热器。

　　S-CO$_2$燃煤发电循环计算模型如下：

压缩机效率 η_{c1} 与 η_{c2} 为

$$\begin{cases} \eta_{c1}=\dfrac{i_{2,s}-i_1}{i_2-i_1} \\ \eta_{c2}=\dfrac{i_{3,s}-i_8}{i_3-i_8} \end{cases} \qquad (8\text{-}1)$$

式中，$i_{2,s}$ 与 $i_{3,s}$ 分别为等熵压缩过程的焓值；i_1、i_2、i_3 与 i_8 分别为实际压缩过程的焓值。

等熵压缩过程进口熵值相同，有：

$$\begin{cases} s_{2,s}=s_1 \\ s_{3,s}=s_8 \end{cases} \qquad (8\text{-}2)$$

压缩机出口焓值通过状态方程计算式如下：

$$\begin{cases} i_{2,s}=f(s_{2,s},p_2) \\ i_{3,s}=f(s_{3,s},p_3) \end{cases} \qquad (8\text{-}3)$$

因此，压缩机实际焓值可以通过压缩机效率公式进行计算。压缩机耗功为

$$\begin{cases} W_{c1}=m_{1\text{-}2}(i_2-i_1) \\ W_{c2}=m_{8\text{-}3}(i_3-i_8) \end{cases} \qquad (8\text{-}4)$$

回热器计算基于能量守恒方程，计算式如下：

$$\begin{cases} \dot{m}_{7\text{-}8}(i_7-i_8)=\dot{m}_{2\text{-}3}(i_3-i_2) \\ \dot{m}_{6\text{-}7}(i_6-i_7)=\dot{m}_{3\text{-}4}(i_4-i_3) \end{cases} \qquad (8\text{-}5)$$

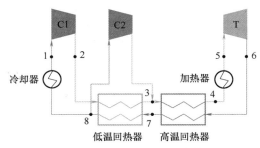

图 8-1　再压缩 S-CO$_2$ 燃煤发电循环

式中，$\dot{m}_{7\text{-}8}$、$\dot{m}_{2\text{-}3}$、$\dot{m}_{6\text{-}7}$、$\dot{m}_{3\text{-}4}$ 分别为 S-CO$_2$ 在各个路径中的质量流量。

为计算 8-3 路径分流量，S-CO$_2$ 分流比 SR（split ratio）定义为：通过副压缩机（C2）的质量流量与通过透平（T）的循环总流量之比。因此，高温回热器与低温回热器的质量流量为

$$\dot{m}_{6\text{-}7}=\dot{m}_{3\text{-}4}=\dot{m}_{total} \qquad (8\text{-}6)$$

$$\dot{m}_{7\text{-}8}=\dot{m}_{total} \qquad (8\text{-}7)$$

$$\dot{m}_{2\text{-}3}=(1-SR)\dot{m}_{total} \qquad (8\text{-}8)$$

此外，透平效率为

$$\eta_t=\frac{i_5-i_6}{i_5-i_{6,s}} \qquad (8\text{-}9)$$

透平等熵膨胀过程进出口熵值相同，有

$$s_{6,s}=s_5 \qquad (8\text{-}10)$$

透平出口焓值可以通过状态方程计算，计算式如下：

$$i_{6,s}=f(s_{6,s},p_6) \qquad (8\text{-}11)$$

因此，透平膨胀功为

$$W_t=\dot{m}_{5\text{-}6}(i_5-i_6) \qquad (8\text{-}12)$$

8.1.2　S-CO$_2$ 储能循环模型

S-CO$_2$ 储能循环模型如图 8-2 所示[113]。该循环包含透平（T）、压缩机（C）、高压储罐

（high-pressure tank，HPT）、低压储罐
（low-pressure tank，LPT）、加热器、冷却器
和回热器。储能过程中，压缩机将 LPT 中
的低压工质加压，储存在 HPT 中。释能过
程中，HPT 中的高压工质被加热后进入透
平做功，回热后流入 LPT 中储存，等待下
一次储能过程。

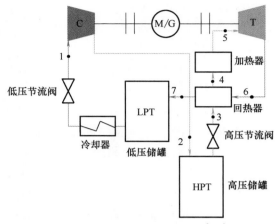

图 8-2　S-CO$_2$ 储能循环模型[113]

其中，透平、压缩机及回热器计算模
型与 S-CO$_2$ 燃煤发电循环模型中相同。高
压储罐模型包含一个储罐及其对应的节流
阀。忽略动能及势能，储罐进出口参数可
被视为相同。而节流过程被视为等焓膨胀
过程，表达式如下：

$$i_{\mathrm{in,thro}} = i_{\mathrm{out,thro}} \tag{8-13}$$

因此，高压储罐计算模型为

$$i_{\mathrm{in,HPT}} = i_{\mathrm{out,thro}} \tag{8-14}$$

然而，低压储罐计算不仅包括储罐及其对应的节流阀，而且包含冷却器。因此，该模型
应同时考虑节流阀压降和冷却器散热。

8.1.3　循环性能评价准则

为评价 S-CO$_2$ 燃煤发电循环及 S-CO$_2$ 储能循环性能，分别选取循环效率及往返效率作为
能量评价准则，同时对于储能循环增加储能密度分析[31,113]。

燃煤发电动力系统效率为

$$\eta_{\mathrm{power}} = \frac{W_{\mathrm{t}} - W_{\mathrm{c}}}{Q_{\mathrm{h}}} \tag{8-15}$$

式中，W_{c} 为压缩功；W_{t} 为膨胀功；Q_{h} 为锅炉吸热量。

储能循环往返效率表示循环所能利用的能量占它所能储存的能量的百分比，针对该集成
系统，其利用的能量来自压缩机和锅炉，而其能够储存的能量为透平的输出功。因此，往返
效率为

$$\eta_{\mathrm{rt}} = \frac{W_{\mathrm{t}}}{W_{\mathrm{c}} + \eta_{\mathrm{pp}} Q_{\mathrm{h}}} \tag{8-16}$$

式中，W_{c} 为输入电能，即压缩功；W_{t} 为输出电能，即膨胀功；$\eta_{\mathrm{pp}} Q_{\mathrm{h}}$ 为由锅炉吸收的热量
Q_{h} 能够转换的等量的电量；η_{pp} 为独立发电厂的效率。

储能密度为

$$\rho_{\mathrm{E}} = \frac{W_{\mathrm{t}}}{V_{\mathrm{r}}} = \frac{W_{\mathrm{t}}}{\sum\limits_{k} \dfrac{\dot{m}_{\mathrm{CO_2},k}}{\rho_{\mathrm{CO_2},k}}} \tag{8-17}$$

式中，V_{r} 为储能体积；$\dot{m}_{\mathrm{CO_2},k}$ 为 S-CO$_2$ 在第 k 个储罐的质量流量；$\rho_{\mathrm{CO_2},k}$ 为第 k 个储罐中 S-

CO_2 的密度。

另外，对循环关键部件的㶲分析方法如下：

系统㶲平衡为

$$\dot{E}_{F,total} = \dot{E}_P + \sum_i \dot{E}_{D,i} + \dot{E}_L \tag{8-18}$$

式中，$\dot{E}_{F,total}$、$\dot{E}_P$、$\sum_i \dot{E}_{D,i}$ 和 $\dot{E}_L$ 分别为系统的输入㶲、输出㶲、第 i 个部件的㶲损和系统㶲损。

第 i 个部件的㶲平衡表示为

$$\dot{E}_{D,i} = \dot{E}_{F,i} - \dot{E}_{P,i} \tag{8-19}$$

为对比不同部件的㶲损，每个部件的㶲损比例为

$$y_{D,i}^* = \frac{\dot{E}_{D,i}}{\dot{E}_{D,total}} \tag{8-20}$$

S-CO_2 燃煤发电动力系统模型和 S-CO_2 储能循环模型的准确性均得到相关验证。

8.2 S-CO_2 发电系统与储能系统集成与转化的可行性分析

发掘 S-CO_2 发电系统与 S-CO_2 储能系统集成与转化的可行性首先需要对两个系统循环构型进行对比。对于 S-CO_2 燃煤发电动力系统，移除低温回热器及分流压缩机 C2。此时，S-CO_2 再压缩循环被简化为 S-CO_2 简单回热发电循环，如图 8-3a 所示。对于 S-CO_2 储能循环，在循环流程不变的前提下重新绘制循环图以进行更清晰的对比，如图 8-3b 所示。可以看出，两个循环具有处于相同位置的压缩机（C）、透平（T）、回热器、加热器及冷却器。而 S-CO_2 储能循环仅比 S-CO_2 布雷顿循环多了高压储罐、低压储罐及相对应的节流阀。可以假设，如果要将 S-CO_2 发电循环转变为储能循环，首先，需要在循环过程 2-3 中加入高压储罐及其节流阀。其次，在循环过程 7-1 中，将低压储罐及其节流阀分别加入冷却器上游及下游。可以看出，S-CO_2 动力循环和储能循环具有极大的相似性，区别在于储能循环中增加了储罐及节流阀的布置。

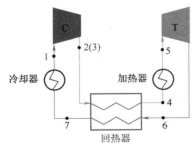

a) S-CO_2 简单回热发电循环　　　　b) S-CO_2 储能循环

图 8-3 S-CO_2 发电循环和储能循环的对比

扫码查看彩图

上述分析展示了 S-CO_2 燃煤发电循环与储能循环集成和转换的三个关键点。第一，发电循环可以通过增加高压和低压储罐实现储能功能。第二，储能循环加热过程 4-5 可以通过燃

煤锅炉实现。第三，S-CO$_2$燃煤发电循环大多数关键部件均可以在S-CO$_2$储能循环中再次使用，例如压缩机、透平、回热器和冷却器。

为进行定量对比计算，两循环压缩机进口温度和压力、透平进口温度设为同一定值，分别为32.0℃/7.9MPa和630℃，S-CO$_2$发电循环和储能循环温熵图如图8-4所示，图中黄色和蓝色线段分别代表图8-3中由对应颜色表示的高温高压和低温低压S-CO$_2$流路。在S-CO$_2$燃煤发电循环中，压缩机出口与换热器直接相连，而在S-CO$_2$储能循环中，压缩机出口连接高压储罐，CO$_2$流出储罐经过高压节流阀，此时压力从40.18MPa下降到20MPa。此外，S-CO$_2$储能循环中的低压节流阀使得冷却过程压降从0.1MPa增加至0.64MPa。这两处压降变化导致回热器的换热量从发电循环的266.89kJ·kg^{-1}增加至储能循环的410.88kJ·kg^{-1}。这归因于储能循环中回热器进出口温差更大。此外，储能循环膨胀功为124.94kJ·kg^{-1}，而发电循环为220.37kJ·kg^{-1}，这是由于储能循环透平进出口温差更小。

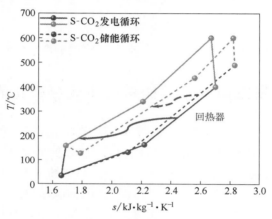

扫码查看彩图

图8-4　S-CO$_2$发电循环和储能循环温熵图

针对两个循环分别进行能量分析和㶲分析。发电循环效率为40.45%，而储能循环往返效率为69.35%。S-CO$_2$发电循环及储能循环主要部件㶲损比例如图8-5所示。对于S-CO$_2$发电循环，加热器中具有37.3%的不可逆性，冷却器为29.8%，透平为12.1%，回热器为11.2%，而压缩机为9.6%。对于S-CO$_2$储能循环，最大㶲损出现在高压储罐中，其占比为29.5%。而加热器、低压储罐及冷却器和回热器中㶲损同样较大，分别占比为21.3%、20.3%和14.8%。可以发现，储罐的㶲损占各部件总㶲损的近一半。

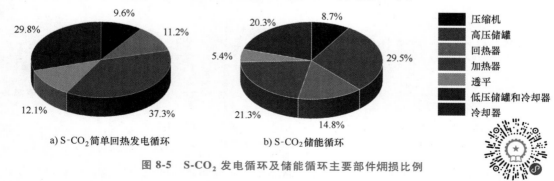

a) S-CO$_2$简单回热发电循环　　b) S-CO$_2$储能循环

图8-5　S-CO$_2$发电循环及储能循环主要部件㶲损比例

扫码查看彩图

此外，储罐的节流阀会导致循环额外压力损失。由于压降对循环效率的不利影响，在发电循环回路上添加储罐将降低发电循环效率。因此，建议当发电循环运行时，将储罐短路，并在需要储能功能时将储罐重新连接。

8.3　燃煤电厂可持续发展的"三步走"策略

根据主要能源消费类型的逐渐转变，介绍基于 S-CO$_2$ 燃煤发电系统的可持续发展"三步走"策略。当煤炭仍作为主要能源时，将燃煤发电与储能集成，当主要能源类型发生变化时，将各类其他热源集成入系统，并最终发展为不需外加热源的纯电-电转化的绝热储能系统。

8.3.1　S-CO$_2$ 燃煤发电循环与储能循环集成

"三步走"第一步：将 S-CO$_2$ 燃煤发电循环与 S-CO$_2$ 储能循环相结合，称作 S-CO$_2$ 燃煤储/发集成系统。S-CO$_2$ 燃煤储/发集成系统工作原理如图 8-6 所示。在非用电高峰期，S-CO$_2$ 燃煤发电循环提供电力驱动 S-CO$_2$ 储能循环压缩机，使 S-CO$_2$ 被加压储存在高压储罐中。在用电高峰期，高压 S-CO$_2$ 从储罐中释放，流经节流阀稳定至固定压力后进入燃煤锅炉进行加热。随后，高温高压 S-CO$_2$ 进入透平膨胀，驱动发电机输出电力。其中，燃煤锅炉既可以在非高峰期运行的发电系统中参与发电，也可以在高峰期运行的储能系统中参与二次发电，大大简化系统布局并降低成本。

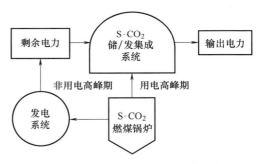

图 8-6　S-CO$_2$ 燃煤储/发集成系统工作原理

由于 S-CO$_2$ 燃煤发电系统通常采用再压缩布雷顿循环，因此针对储/发集成系统提出再压缩循环构型，如图 8-7 所示。图中 4 种集成循环构型区别在于 8-3 过程中储罐的布置。循环工作过程如下：

1-2：来自低压储罐的 S-CO$_2$ 被压缩机加压，S-CO$_2$ 的温度、压力同时升高。

2-3：S-CO$_2$ 注入高压储罐并流经低温回热器吸收热量。

3-4：S-CO$_2$ 流经高温回热器获得更高温度。

4-5：S-CO$_2$ 进入燃煤锅炉被加热。

5-6：S-CO$_2$ 进入透平膨胀做功，透平驱动发电机输出电力。

6-7-8：做功后的 S-CO$_2$ 依次通过高温回热器与低温回热器回收热量。

8-1：S-CO$_2$ 总流被分为两股分流，其中一股分流流入低压储罐储存。

8-3：另一股 S-CO$_2$ 分流经过副压缩机（C2）。当该过程没有储罐时，S-CO$_2$ 直接通过 C2；当过程中有储罐时，S-CO$_2$ 可以在回路中被储罐储存。

上述 4 个再压缩 S-CO$_2$ 燃煤储/发集成循环案例的温熵图如图 8-8 所示。4 个案例的循环参数大致相似，而最大的差异如图中黑框所示，该节点位置布置有高压储罐。在案例 2 与案例 4 中，高压储罐的节流阀造成巨大压降，导致 S-CO$_2$ 的熵增和温降，而由于低压储罐节流阀压降较小，因此低压储罐对循环参数变化的影响并不显著。

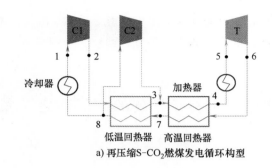

a) 再压缩S-CO$_2$燃煤发电循环构型

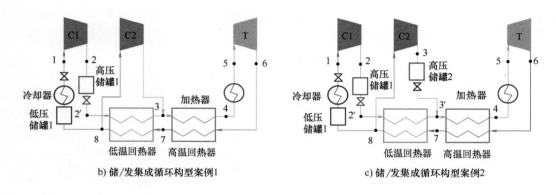

b) 储/发集成循环构型案例1

c) 储/发集成循环构型案例2

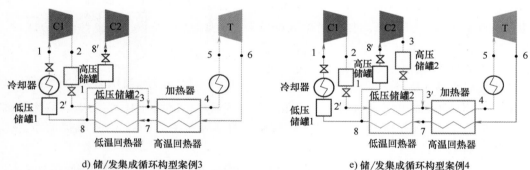

d) 储/发集成循环构型案例3

e) 储/发集成循环构型案例4

图 8-7　再压缩 S-CO$_2$ 燃煤发电循环构型和再压缩 S-CO$_2$ 燃煤储/发集成循环构型的 4 个案例

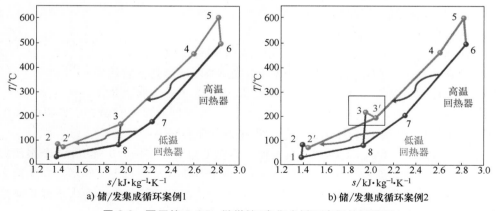

a) 储/发集成循环案例1

b) 储/发集成循环案例2

图 8-8　再压缩 S-CO$_2$ 燃煤储/发集成循环案例的温熵图

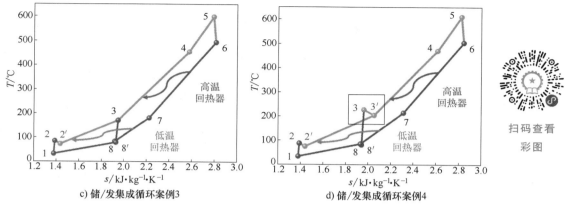

c) 储/发集成循环案例3　　　　　　　　d) 储/发集成循环案例4

图 8-8　再压缩 S-CO$_2$ 燃煤储/发集成循环案例的温熵图（续）

扫码查看
彩图

为评估 4 个循环的性能，需要计算其往返效率。在储/发集成循环中，热源由燃煤锅炉直接提供。因此，集成系统往返效率计算公式转变为

$$\eta_{\mathrm{rt,inte}} = \frac{W_{\mathrm{t}}}{W_{\mathrm{c}} + Q_{\mathrm{h}}} \tag{8-21}$$

案例 1～案例 4 中循环构型的往返效率分别为 52.49%、51.25%、52.32% 和 51.08%。案例 1 的效率最高，其次是案例 3、案例 2 和案例 4。这是由于高压和低压储罐的节流阀造成了压力的降低，从而降低了循环效率。尤其是高压储罐节流阀压降巨大，对效率造成了较大的负面影响。因此，包含两个高压储罐及两个低压储罐的案例 4 的效率最低，而具有一个高压和两个低压储罐的案例 3 的效率比具有两个高压和一个低压储罐的案例 2 的效率高。4 个循环构型的储能密度分别依次为 7.34kW·h·m^{-3}、5.88kW·h·m^{-3}、4.82kW·h·m^{-3} 和 4.24kW·h·m^{-3}。由于案例 1 仅包含高压和低压两个储罐，因此其具有最大的储能密度。其余案例中储罐数量的增加导致其储能密度有所降低。同时，由于高压储罐储能密度高于低压储罐，因此具有两个高压储罐的案例 2 的储能密度高于案例 3 和案例 4 的储能密度。

图 8-9 表示再压缩 S-CO$_2$ 燃煤储/发集成循环各案例中主要部件的㶲损比例。绝大多数不可逆损失存在于加热器中，在每个案例中约占 20%～30%。此外，由于高压和低压储罐数量的增加，储罐的**㶲损**比例也随之增加，并逐渐成为主要的产生㶲损的部件。储罐的**㶲损**比例从案例 1 的 35.3% 增加到案例 4 的 55.5%。

综上所述，案例 1 具有最高的往返效率和储能密度，而且储罐的㶲损比例最小。因此，可以认为是再压缩 S-CO$_2$ 燃煤储/发集成循环的最佳构型。

此外，受多级压缩 S-CO$_2$ 燃煤发电循环的启发，由于压缩过程的加入对提高循环效率十分有效，因此可以在再压缩 S-CO$_2$ 燃煤储/发集成循环中再次增加分流压缩过程，以进一步提升循环效率。

在案例 1 的基础上，考虑三压缩 S-CO$_2$ 燃煤储/发集成循环构型，如图 8-10 所示。与再压缩储/发集成循环构型工作原理类似，三压缩储/发集成循环的 S-CO$_2$ 被压缩并储存在高压储罐中，并于透平中加热膨胀以产生电力。其中，中温回热器和第三个压缩机（C3）被添加进循环中。图 8-11 表示三压缩 S-CO$_2$ 燃煤储/发集成循环温熵图。高压储罐和低压储罐

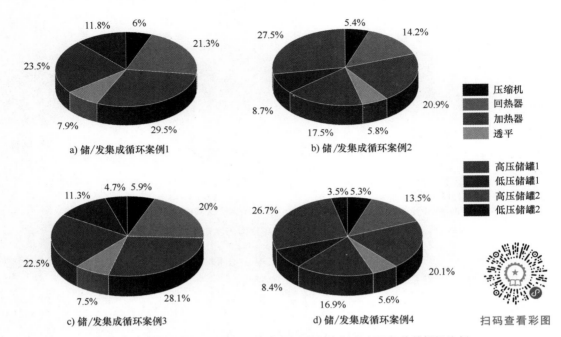

a) 储/发集成循环案例1

b) 储/发集成循环案例2

c) 储/发集成循环案例3

d) 储/发集成循环案例4

压缩机
回热器
加热器
透平

高压储罐1
低压储罐1
高压储罐2
低压储罐2

扫码查看彩图

图 8-9 再压缩 S-CO$_2$ 燃煤储/发集成循环各案例中主要部件的㶲损比例

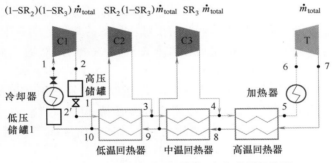

图 8-10 三压缩 S-CO$_2$ 燃煤储/发集成循环构型

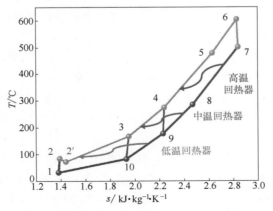

扫码查看彩图

图 8-11 三压缩 S-CO$_2$ 燃煤储/发集成循环温熵图

的入口温度均低于100℃，这是因为S-CO$_2$储罐被布置于循环底部，参数值较低。这种布置可以降低储罐温度，提高热安全性。此外，由于燃煤锅炉和回热器的加热，S-CO$_2$在透平进口的温度为605℃，往返效率为56.37%，储能密度为8.59kW·h·m^{-3}，均高于再压缩S-CO$_2$燃煤储/发集成循环。在三压缩S-CO$_2$燃煤储/发集成循环中，S-CO$_2$总流（$\dot{m}_{total}$，单位为kg·s^{-1}）流经燃煤锅炉加热器和透平。然而，由于现存三个压缩机，通过每个压缩机的分流量分别为（1−SR$_2$）（1−SR$_3$）$\dot{m}_{total}$（流经C1），SR$_2$（1−SR$_3$）$\dot{m}_{total}$（流经C2）和SR$_3\dot{m}_{total}$（流经C3），如图8-10所示。其中SR$_2 = 1 - \dfrac{i_9 - i_{10}}{i_3 - i_{2'}}$，SR$_3 = 1 - \dfrac{i_8 - i_9}{i_4 - i_3}$。因此，透平做功为$W_t = \dot{m}_{total}(i_6 - i_7)$，而三个压缩机做功分别为$W_{c1} = (1 - SR_2)(1 - SR_3)\dot{m}_{total}(i_2 - i_1)$，$W_{c2} = SR_2(1 - SR_3)\dot{m}_{total}(i_3 - i_{10})$和$W_{c3} = SR_3\dot{m}_{total}(i_4 - i_9)$。分流数量的增加使得每个压缩机中质量流量减小，导致压缩机做功减小。同时，透平做功基于总质量流量，不受分流数量的影响。因此，与只有两个分流的再压缩S-CO$_2$燃煤储/发集成循环相比，三压缩S-CO$_2$燃煤储/发集成循环的往返效率更高。此外，由于流经压缩机C1的质量流量减小，该循环储能密度增大。图8-12表示三压缩S-CO$_2$燃煤储/发集成循环主要部件的㶲损比例，与图8-9a相似。因此，三压缩S-CO$_2$燃煤储/发集成循环被视为储/发集成循环的优化构型。

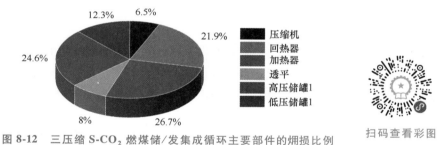

12.3%　6.5%　21.9%　24.6%　8%　26.7%

压缩机
回热器
加热器
透平
高压储罐1
低压储罐1

扫码查看彩图

图8-12　三压缩S-CO$_2$燃煤储/发集成循环主要部件的㶲损比例

值得注意的是，由于存在不同构型的燃煤发电系统，因此该类系统都可以转化为相应的燃煤储/发集成系统。例如，一个三压缩S-CO$_2$燃煤储/发集成系统如图8-13所示。燃煤锅炉可以提升透平进口的参数值，并利用回热器进行热量回收。同时，S-CO$_2$储罐的加入实现了该系统的储能功能。

8.3.2　S-CO$_2$储/发集成循环耦合多种热源

"三步走"中第二步的实现基于煤炭能源消费未来可能出现的三种情况。第一，为满足智能电网灵活运行的需求，燃煤发电系统可能面临深度削峰填谷的运行工况。第二，为降低排放保护环境，燃煤锅炉可能被改造为低污染、低排放的生物质锅炉或垃圾焚烧锅炉等。第三，锅炉可能被其他清洁加热设备替代，如太阳能加热器、地热能加热器等，以实现零排放。因此，S-CO$_2$储/发集成循环应进行进一步优化以适应热源变化带来的不同热负荷工况。此外，储/发集成循环吸收的热量可来自多种复杂热源，如单一热源或复合热源，其热负荷可能高于或低于传统燃煤锅炉热负荷。

针对上述三种情况进行详细评估。第一，当燃煤发电系统在深度调峰工况运行时，锅炉热负荷将减少。根据本书8.3.1节的计算，三压缩集成循环锅炉热负荷为157.24kJ·kg^{-1}。

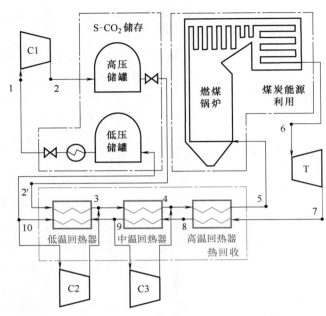

图 8-13　三压缩 S-CO$_2$ 燃煤储/发集成系统

因此，集成循环会出现热负荷降低的情况。第二，通常生物质锅炉和垃圾焚烧锅炉热负荷均低于燃煤锅炉，因此也需要研究低热负荷工况。第三，当集成循环采用其他加热设备时，尤其当使用复合热源，如燃煤锅炉与生物质锅炉或垃圾焚烧锅炉相结合时，太阳能加热器与地热能加热器相结合等时，循环热负荷很有可能超过传统燃煤锅炉热负荷。因此，也需要研究热负荷较高的工况。

在 S-CO$_2$ 燃煤储/发集成循环的基础上，介绍耦合多种热源的 S-CO$_2$ 储/发集成系统，该系统的工作原理如图 8-14a 所示。在该储/发集成系统中，燃煤锅炉与各种加热设备共存或被其取代。输入该系统的剩余电力来自各种发电系统而不仅来自燃煤电厂。集成循环构型如图 8-14b 所示。

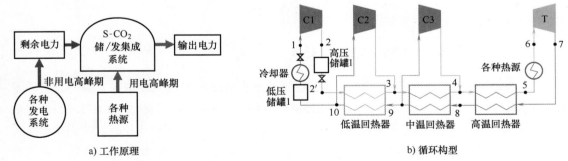

a) 工作原理　　　　　　　　　　　　　　b) 循环构型

图 8-14　耦合多种热源的 S-CO$_2$ 储/发集成系统

为研究热负荷对耦合多种热源的储/发集成循环的影响，需要计算不同热负荷工况下发电储能集成循环的往返效率和储能密度，如图 8-15 所示。第一，当热负荷从 103.01kJ·kg^{-1} 增加至 193.01kJ·kg^{-1}，往返效率从 50.75% 增加到 58.25%。这是由于热负荷的增加提升了透平入口参数值，使得透平做功增加。当压缩机耗功的增加远低于透平输出功的增加时，往返效率提高。第二，储能密度从 $6.52\mathrm{kW \cdot h \cdot m^{-3}}$ 增加到 $9.55\mathrm{kW \cdot h \cdot m^{-3}}$。储能密度为透平输出功与两个储罐的体积的比值。高热负荷增加了透平输出功，提升 S-CO_2 存储压力，使得 S-CO_2 密度增加从而减小了储罐所需体积。因此，储能密度随热负荷的增大而增大。

图 8-16 表示发电储能集成循环主要部件的㶲损比例随热负荷的变化。结果表明，㶲损主要发生在加热器、高压储罐和回热器中。加热器的㶲损随着热负荷的增加而增加，而高压储罐和回热器的㶲损变化与之相反。回热器的㶲损主要是由冷热工作流体的入口和出口之间的温度差造成的。加热器的㶲损不仅与流体入口和出口之间的温度差有关，而且与输入到加热器的热负荷量有关。因此，当热负荷增大，加热器中会出现更多的不可逆损失。而回热器由于冷热 S-CO_2 之间的温差较小，会呈现出相反的趋势。高压储罐中的㶲损是由储罐进出口的温差造成的，它随着热负荷的增加而降低。然而，由于低压储罐进出口温差随着热负荷增加而增大，因此它的㶲损增加。此外，由于压缩机和透平的压差随着热负荷的增大而增大，因此这两个部件的㶲损也会增加。

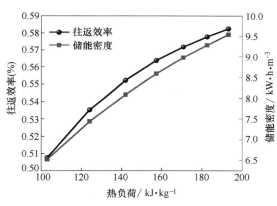

图 8-15 不同热负荷工况下发电储能集成循环的
往返效率和储能密度

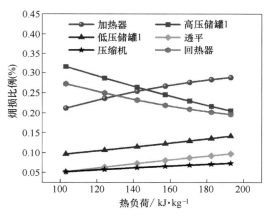

图 8-16 发电储能集成循环主要部件的㶲损
比例随热负荷的变化

综上所述，对于耦合多种热源的 S-CO_2 储/发集成循环，必须在提高往返效率、储能密度及控制加热器㶲损之间进行权衡。这将为该集成系统的热源选择提供指导。

8.3.3 S-CO_2 绝热储能循环

当所有外部热源由于其加热器存在巨大㶲损而被移除时，集成系统将被转化为 S-CO_2 绝热储能系统。S-CO_2 绝热储能集成系统工作原理如图 8-17 所示。该绝热储能系统消除了对额外热源的要求。在非高峰期，多余的电力被储存在储能系统中。在高峰期，该系统可以不使用任何额外的热源来发电，进行纯电-电转化过程。

首先，外部热源的移除会使 S-CO_2 储/发集成循环发生巨大变化。由于 S-CO_2 在进入透平前没有吸收外部热源热能，因此透平出口温度较低，此处无法布置回热器进行

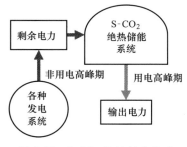

图 8-17 S-CO_2 绝热储能集成
系统工作原理

125

热量回收。因此，如图 8-18 所示，由于高压储罐进出口存在温差，因此需要在过程 2-5 中布置热量回收装置。图 8-18a 表示简单绝热储能循环构型。S-CO₂ 被压缩机压缩至高温高压，在热量回收装置中放热，而后被储存在高压储罐中。当 S-CO₂ 流出高压储罐后，先流经节流阀稳压，后在热量回收装置中吸收热量，最后流入透平膨胀做功并带动发电机输出电力。再压缩绝热储能循环构型如图 8-18b 所示，在第一次储能过程后重复一次压缩储能过程。此外，分体式膨胀绝热储能循环构型采用稳压涡轮（T2）取代节流阀，如图 8-18c 所示。此时，S-CO₂ 流出高压储罐后先流入稳压透平膨胀做功，后进入热量回收装置中吸收热量，最后进入主透平（T1）再次做功。

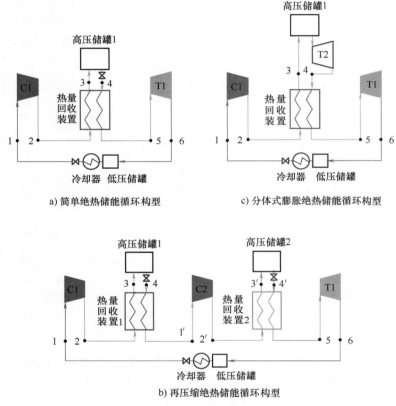

a) 简单绝热储能循环构型   c) 分体式膨胀绝热储能循环构型

b) 再压缩绝热储能循环构型

图 8-18   三种 S-CO₂ 绝热储能循环构型

图 8-19 表示三种 S-CO₂ 绝热储能循环的温熵图。循环的最高温度在 85℃ 左右，相较图 8-8 和图 8-11 所示的 600℃ 左右的集成循环最高温度大幅降低。这是由于在绝热储能循环中，循环没有加入额外热负荷，循环最高温度由压缩机出口温度决定。由于压缩机出口温度较低，因此绝热集成循环最高温度也较低。此外，再压缩绝热储能循环的最高温度高于简单压缩绝热储能循环，这是由于再压缩循环中的第二台压缩机可以在一定程度上提高压缩机出口温度。因此，如图 8-19a 和图 8-19b 所示，循环最高温度从 72.4℃ 增加至 80.6℃。

然而，再压缩绝热储能循环的往返效率为 32.43%，远低于简单压缩循环的 43.84%。这是由于再压缩循环包含两个压缩机，其压缩功是简单循环压缩功的两倍。然而，该循环的膨胀功却并没有增加至两倍，只是从 18.26kJ·kg⁻¹ 增加到 20.51kJ·kg⁻¹，远远小于预期。

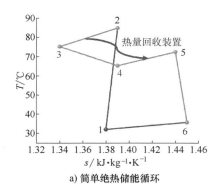

a) 简单绝热储能循环

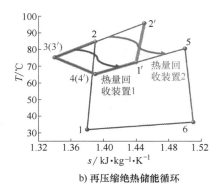

b) 再压缩绝热储能循环

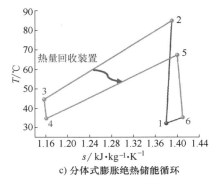

c) 分体式膨胀绝热储能循环

扫码查看彩图

图 8-19　三种 S-CO₂ 绝热储能循环的温熵图

为提高绝热储能循环的往返效率，进一步介绍分体式膨胀绝热集成循环，如图 8-18c 所示。采用稳压涡轮替代节流阀后，膨胀功由两个透平 T1 和 T2 产生，为 $30.12kJ \cdot kg^{-1}$。而该循环压缩功与简单压缩循环的压缩功相同。因此，该循环往返效率大幅提升至 72.34%。

此外，三个循环的储能密度分别为 $1.51kW \cdot h \cdot m^{-3}$、$1.14kW \cdot h \cdot m^{-3}$ 和 $1.58kW \cdot h \cdot m^{-3}$。分体式膨胀循环具有最高的储能密度，因为其在三个循环中膨胀功最大。简单压缩循环的储能密度大于再压缩循环的储能密度，这是由于前者只包含一个高压储罐。

图 8-20 表示三个循环主要部件的㶲损比例。需要注意的是，在分体式膨胀循环中，高压储罐和稳压涡轮被视为一个整体。可以看出，在简单压缩和再压缩循环中，大部分不可逆损失发生在高压储罐中，分别为 66.4% 和 72.6%。然而，在分体式膨胀循环中，较大的损失发生在压缩机、回热装置及透平中。

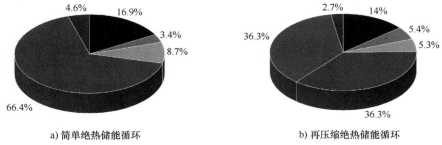

a) 简单绝热储能循环　　　　　　　　　b) 再压缩绝热储能循环

图 8-20　三种 S-CO₂ 绝热储能循环的㶲损比例

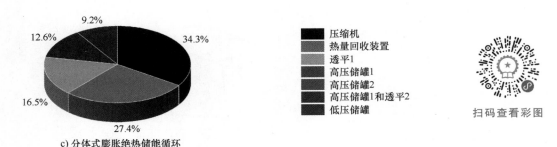

扫码查看彩图

c) 分体式膨胀绝热储能循环

图 8-20　三种 S-CO$_2$ 绝热储能循环的㶲损比例（续）

　　综上所述，分体式膨胀 S-CO$_2$ 绝热储能循环具有最高的往返效率和储能密度，为当前最优绝热储能循环构型。

8.4　小　　结

　　针对燃煤电厂可持续发展问题，阐述 S-CO$_2$ 燃煤发电系统与 S-CO$_2$ 储能系统的集成与转化。在循环模型和性能评价准则的基础上，首先，通过对比 S-CO$_2$ 发电循环与储能循环讨论了二者集成和转化可行性。然后，根据煤炭能源消费前景介绍了发电与储能集成和转化的"三步走"策略，并对各种循环进行评估和优化，获得每个发展阶段下的循环最优构型。主要结论如下：

　　1）S-CO$_2$ 燃煤发电系统与 S-CO$_2$ 储能系统具有很大相似性，二者的集成与转化可以通过增加储罐实现，并且二者可以共用系统主要部件，如压缩机、透平、燃煤锅炉等，显著降低集成系统复杂性并降低成本。

　　2）"三步走"第一步：当煤炭仍然作为主要能源发挥重要作用时，燃煤发电循环可以通过增加储罐实现与储能功能的集成。三压缩 S-CO$_2$ 燃煤储/发集成循环具有最高的往返效率和储能密度分别为 56.37% 和 8.59kW·h·m^{-3}。

　　3）"三步走"第二步：随着煤炭能源消费占比的减小，S-CO$_2$ 储/发集成系统需匹配各类热源情况，而循环中热源的选择必须在提高往返效率、储能密度与降低加热器㶲损之间权衡。

　　4）"三步走"第三步：当移除所有外部热源后，对于纯电-电转化的分体式膨胀 S-CO$_2$ 绝热储能循环，采用稳压透平取代高压储罐出口节流阀，往返效率达 72.34%。

第9章

基于多热源的超临界二氧化碳发电和储能一体化

燃煤发电系统优化升级不仅需要集成储能，更需要探讨其与清洁可再生能源匹配的可行性。目前大型发电系统类型多样，其中燃煤发电系统和聚光太阳能发电系统应用广泛。聚光太阳能发电由于太阳能热源不稳定性，往往需要配合储热装置用于稳定发电系统电力输出。提升聚光太阳能系统储能时长是系统优化的重要方向。此外，由于煤炭能源的使用率逐步降低，燃煤发电系统定位由主要电力输出方式向辅助方式转化。这要求提升燃煤发电系统与其他发电系统配合运行的能力。而 S-CO$_2$ 能够为上述问题提供解决方案。

本章分析各类发电和储能循环集成的可行性，介绍基于多热源的 S-CO$_2$ 发电和储能一体化系统，明晰热源模块和 S-CO$_2$ 储能压力对系统性能的影响，阐述优先使用太阳能热源的四种一体化系统运行和匹配建议，为基于多热源的发电和储能集成提供新的认识和参考。

9.1　各类发电循环和储能循环的性能评价准则及集成可行性分析

对于发电和储能的集成，首先需要分析各类发电循环和储能循环，并明确其各自性能评价准则，然后进行一体化系统性能的评估。

9.1.1　S-CO$_2$ 燃煤发电循环

选择再压缩 S-CO$_2$ 布雷顿循环作为用于集成 S-CO$_2$ 燃煤发电系统的基础循环，如图 9-1 所示。该循环包含主压缩机（C1）、副压缩机（C2）、透平（T）、高温回热器、低温回热器、冷却器和 S-CO$_2$ 燃煤锅炉。循环计算模型已于第 4 章中介绍，在此不再赘述。其循环效率为

$$\eta_{S-CO_2,燃煤发电} = \frac{W_t - W_c}{Q_h} \quad (9-1)$$

式中，W_c 为压缩功；W_t 为膨胀功；Q_h 为锅炉吸热量。

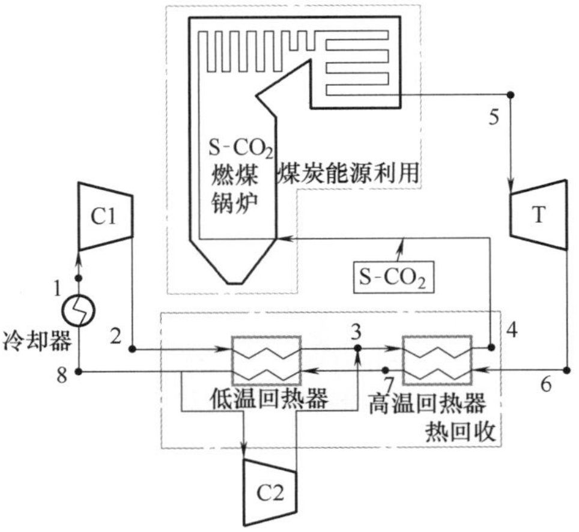

需要指出的是，再压缩 S-CO$_2$ 布雷顿循环是 S-CO$_2$ 燃煤发电的基础循环构型，也是一体化系统的基础循环构型。

图 9-1　S-CO$_2$ 燃煤发电循环

9.1.2　S-CO$_2$ 熔融盐聚光太阳能发电循环

聚光太阳能发电系统以 S-CO$_2$ 布雷顿循环为基础，集成现有成熟塔式熔融盐太阳能系

统。为探究与 $S\text{-}CO_2$ 燃煤发电系统集成可能性，发电部分同样采用再压缩 $S\text{-}CO_2$ 布雷顿循环。$S\text{-}CO_2$ 熔融盐聚光太阳能发电循环如图 9-2 所示。此时，太阳能发电循环与燃煤发电循环效率计算方法类似，表达式如下：

$$\eta_{S\text{-}CO_2,\text{太阳能}} = \frac{W_t - W_c}{Q_{\text{太阳能}}} \tag{9-2}$$

式中，W_c 为压缩功；W_t 为膨胀功；$Q_{\text{太阳能}}$ 为太阳能集热器吸热量。

9.1.3 水蒸气朗肯发电循环

针对采用水蒸气朗肯循环的传统火力发电系统，其构型如图 9-3 所示。由于其压缩机、透平等设备工质均为水，与 $S\text{-}CO_2$ 布雷顿循环集成较为困难，因此仅选用蒸汽燃煤锅炉进行下一步集成工作。此时，蒸汽燃煤锅炉内传热工质不变，仍为水蒸气，因此蒸汽燃煤锅炉构型不变。而一体化系统主要利用水在锅炉中吸收的热量作为系统的热源。

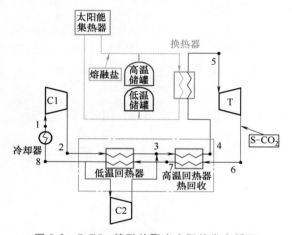

图 9-2　$S\text{-}CO_2$ 熔融盐聚光太阳能发电循环

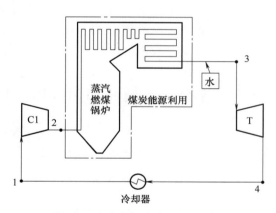

图 9-3　水蒸气朗肯发电循环构型

9.1.4 $S\text{-}CO_2$ 储能循环

$S\text{-}CO_2$ 储能系统按照有无外部热源被区分为高温 $S\text{-}CO_2$ 储能和低温 $S\text{-}CO_2$ 储能。高温 $S\text{-}CO_2$ 储能循环如图 9-4a 所示，包含压缩机（C）、透平（T1）、$S\text{-}CO_2$ 高压储罐、$S\text{-}CO_2$ 低压储罐、回热器、冷却器和加热器。其循环计算模型已于第 8 章中介绍，因此不再赘述。高温 $S\text{-}CO_2$ 储能循环的往返效率为

$$\eta_{rt,\text{高温}} = \frac{W_{t1}}{W_c + Q_{he}} \tag{9-3}$$

式中，W_c 为输入电能，即压缩功；W_{t1} 为高温透平输出电能，即膨胀功；Q_{he} 为由加热器吸收的热量。

低温 $S\text{-}CO_2$ 储能循环如图 9-4b 所示，包含压缩机（C）、透平（T2）、$S\text{-}CO_2$ 高压储罐和 $S\text{-}CO_2$ 低压储罐。低温 $S\text{-}CO_2$ 储能循环往返效率为

$$\eta_{\text{rt,低温}} = \frac{W_{t2}}{W_c} \qquad (9\text{-}4)$$

式中，W_c 为输入电能；W_{t2} 为低温透平输出电能。

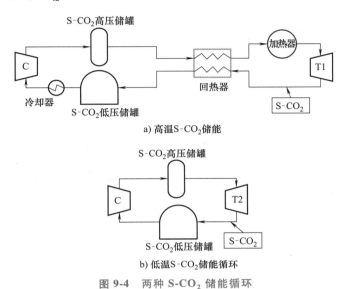

a) 高温S-CO$_2$储能

b) 低温S-CO$_2$储能循环

图 9-4　两种 S-CO$_2$ 储能循环

9.1.5　三种发电循环和两种储能循环集成可行性分析

以再压缩 S-CO$_2$ 布雷顿发电循环为基础，分别从热源输入和电力输出两方面集成。三种发电循环和两种储能循环集成可行性分析图如图 9-5 所示。

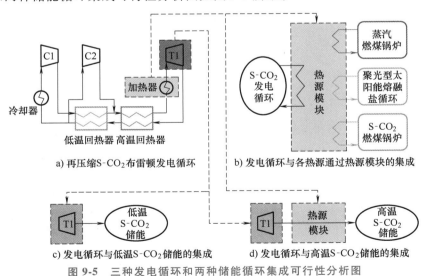

a) 再压缩S-CO$_2$布雷顿发电循环 　　b) 发电循环与各热源通过热源模块的集成

c) 发电循环与低温S-CO$_2$储能的集成　　d) 发电循环与高温S-CO$_2$储能的集成

图 9-5　三种发电循环和两种储能循环集成可行性分析图

第一，针对热源输入的集成主要在于优化加热器，它能够将不同热源集合。因此，提出热源模块，如图 9-5b 所示，分别将蒸汽燃煤锅炉、S-CO$_2$ 燃煤锅炉和聚光型太阳能熔融盐循环通过该模块与再压缩 S-CO$_2$ 布雷顿发电循环集成。此时，加热过程从单一热源变为多热源，将煤炭和太阳能同时并入发电循环。

第二，针对电力输出的集成，采用低温 S-CO$_2$ 储能，如图 9-5c 所示。将 S-CO$_2$ 布雷顿发电循环输出的剩余电力通过压缩机转化为 S-CO$_2$ 内能储存。而后通过透平将储存的 S-CO$_2$ 内能转化为电能输出。此时，发电循环的剩余电力能够被储存，并于合适时机输出。

第三，针对热源和储能的同步集成，采用高温 S-CO$_2$ 储能，如图 9-5d 所示。将 S-CO$_2$ 布雷顿发电循环的输出电力转化为 S-CO$_2$ 内能储存。而在电力输出时通过热源模块加入外部热源，将 S-CO$_2$ 加热至更高温度，提升透平入口参数，获得更多的电力输出。

综上，通过提出热源模块和储存电力输出，S-CO$_2$ 燃煤发电、S-CO$_2$ 熔融盐聚光太阳能发电、水蒸气朗肯循环发电和 S-CO$_2$ 储能循环能够被全部集成。这为基于煤炭和太阳能的 S-CO$_2$ 发电和储能一体化系统奠定可行性基础。

9.2　基于多热源的 S-CO$_2$ 发电和储能一体化系统

基于多热源的 S-CO$_2$ 发电和储能一体化系统以 S-CO$_2$ 为做功工质，采用太阳能和煤炭作为热源，同时具有发电和储能功能。该系统包含发电模块、热源模块和 S-CO$_2$ 储能模块。存在发电、储能和释能三种运行模式。同时，一体化系统可看作 S-CO$_2$ 发电子系统、高温 S-CO$_2$ 储能子系统、低温 S-CO$_2$ 储能子系统的集成，每个子系统具有各自热力循环特性。

9.2.1　一体化系统构型

基于多热源的 S-CO$_2$ 发电和储能一体化系统包含发电模块、热源模块，以及 S-CO$_2$ 储能模块，如图 9-6 所示。

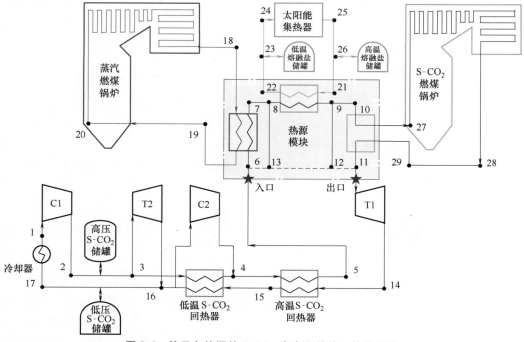

图 9-6　基于多热源的 S-CO$_2$ 发电和储能一体化系统

发电模块包括主 S-CO$_2$ 压缩机（C1）、副 S-CO$_2$ 压缩机（C2）、热源模块、S-CO$_2$ 透平（T1）、高温 S-CO$_2$ 回热器、低温 S-CO$_2$ 回热器和冷却器。

热源模块包括 S-CO$_2$ 燃煤锅炉、聚光型太阳能熔融盐回路（包括太阳能集热器、低温和高温熔融盐储罐）、蒸汽燃煤锅炉。

S-CO$_2$ 储能模块与发电模块共用主 S-CO$_2$ 压缩机（C1）、副 S-CO$_2$ 压缩机（C2）、热源模块、主 S-CO$_2$ 透平（T1）、高温 S-CO$_2$ 回热器、低温 S-CO$_2$ 回热器和冷却器。同时增加高压 S-CO$_2$ 储罐、低压 S-CO$_2$ 储罐和低温 S-CO$_2$ 透平（T2）。

9.2.2 一体化系统运行模式及各模式下系统工作原理

一体化系统一共有三种运行模式：发电模式、储能模式和释能模式。

1）发电模式涉及的主要部件包括：主 S-CO$_2$ 压缩机（C1）、副 S-CO$_2$ 压缩机（C2）、低温 S-CO$_2$ 回热器、高温 S-CO$_2$ 回热器、热源模块、S-CO$_2$ 透平（T1）和冷却器。发电模式下，S-CO$_2$ 工质流程为 1→2→3→4→5→入口→出口→14→15→16（→4）→17→1。其中，入口→出口代表 S-CO$_2$ 于热源模块入口流至出口。根据选择使用的热源，该过程包含 7 个不同的流路：①当热量仅来自蒸汽燃煤锅炉，S-CO$_2$ 流路为入口→ 6→7→8→13→12→11→出口，而锅炉内水蒸气流路为 20→18→19→20；②当热量仅来自聚光型太阳能熔融盐回路，S-CO$_2$ 流路为入口→6→13→8→9→12→11→出口，而熔融盐流路为 21→22→23→24→25→26→21；③当热量仅来自 S-CO$_2$ 燃煤锅炉，注意由于锅炉内传热工质与发电循环做功工质相同，均为 S-CO$_2$，因此 S-CO$_2$ 直接流经燃煤锅炉，其流路为入口→6→13→12→9→10→27→28→29→11→出口；④当热量同时来自蒸汽燃煤锅炉和聚光型太阳能熔融盐回路，S-CO$_2$ 流路变为入口→6→7→8→9→12→11→出口；⑤当热量同时来自聚光型太阳能熔融盐回路和 S-CO$_2$ 燃煤锅炉，S-CO$_2$ 流路为入口→6→13→8→9→10→27→28→29→11→出口；⑥当热量同时来自蒸汽燃煤锅炉和 S-CO$_2$ 燃煤锅炉，S-CO$_2$ 流路为入口→6→7→8 → 13→12→9→10→27→28→29→11→出口；⑦当热量同时来自蒸汽燃煤锅炉、聚光型太阳能熔融盐回路和 S-CO$_2$ 燃煤锅炉，S-CO$_2$ 流路为入口→6→7→8→9→10→27→28→29→11→出口。

发电模式将煤炭和太阳能通过 S-CO$_2$ 转化为电能，它的工作原理如下：

1-2：S-CO$_2$ 流入主压缩机（C1），被加温加压。

2-4：S-CO$_2$ 通过低温回热器，吸收热量，温度升高。

4-5：S-CO$_2$ 通过高温回热器，被加热至更高温度。

5-11：S-CO$_2$ 进入热源模块，吸收太阳能及煤炭能源热量。

11-14：S-CO$_2$ 进入透平膨胀做功，将工质内能转化为电能输出。

14-15-16：做功后的 S-CO$_2$ 依次通过高温回热器和低温回热器回收热量。

16-1：S-CO$_2$ 总流分为两股分流，其中一股分流通过冷却器降温。

16-4：另一股 S-CO$_2$ 分流流经副压缩机（C2）与上述分流于高温回热器上游汇合。

2）储能模式涉及的主要部件包括：低压 S-CO$_2$ 储罐、冷却器、主 S-CO$_2$ 压缩机（C1）、高压 S-CO$_2$ 储罐。S-CO$_2$ 工质流程为 17→1→2。该模式工作原理为：将剩余电能通过主压缩机转化为 S-CO$_2$ 内能储存于高压储罐。

3）释能模式包含高温 S-CO$_2$ 释能和低温 S-CO$_2$ 释能。高温 S-CO$_2$ 释能流路为：高压 S-

CO_2 储罐→低温 S-CO_2 回热器→高温 S-CO_2 回热器→多热源换热模块→S-CO_2 透平（T1）→高温 S-CO_2 回热器→低温 S-CO_2 回热器（→副 S-CO_2 压缩机）→低压 S-CO_2 储罐。与发电模式不同的是，高温 S-CO_2 释能模式仅使用副压缩机（C2）用于辅助加压，它的工作原理为：

3-4：高压 S-CO_2 储罐中的 S-CO_2 通过低温回热器，吸收热量，温度升高。

4-15：与发电模式下运行相同。

15-16：S-CO_2 通过低温回热器回收热量后分为两股，其中一股进入低压 S-CO_2 储罐中储存。

16-4：另一股 S-CO_2 通过副压缩机（C2）与上述分流于高温回热器上游汇合。

低温 S-CO_2 释能流路为：高压 S-CO_2 储罐→低温 S-CO_2 透平（T2）→低压 S-CO_2 储罐。注意，低温释能不与高温释能和发电模式共用透平。它的工作原理为高压 S-CO_2 储罐中 S-CO_2 直接进入低温 S-CO_2 透平（T2）膨胀做功后进入低压 S-CO_2 储罐中储存。

以上针对一体化系统不同运行模式的分析是系统灵活运行的基础，不同运行模式可以适应不同系统的实际应用场景。

9.2.3 各子系统热力循环构型

一体化系统包括 S-CO_2 发电子系统、高温 S-CO_2 储能子系统和低温 S-CO_2 储能子系统。三种 S-CO_2 发电和储能子系统热力循环温熵图如图 9-7 所示。

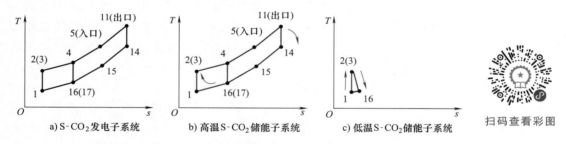

图 9-7 三种 S-CO_2 发电和储能子系统热力循环温熵图

S-CO_2 发电子系统与高温 S-CO_2 储能子系统循环参数相同，区别在于高温储能子系统热力循环存在时间差。红色线段代表储能时段，蓝色线段代表释能时段，二者往往不处于同一时段中。而低温 S-CO_2 储能子系统由于不存在外部热源，因此回热过程消失，仅存在压缩和膨胀过程。由于压缩机提升 S-CO_2 温度的能力有限，因此循环最高温度即为压缩机出口温度。由于温度较低，因此低温储能系统循环温熵图较其他两个子系统更靠近坐标原点，即参数值更低。

9.3 一体化系统性能分析及系统灵活运行和匹配建议

一体化系统包含各种子系统和运行模式，首先建立一体化系统性能评价准则，然后分析不同热源热负荷和 S-CO_2 储能压力对系统性能的影响，最后分析并提出一体化系统灵活运行和匹配建议。

9.3.1　一体化系统性能评价准则

由于煤炭和太阳能、发电和储能的同时集成，一体化系统具有全新的构型特征、运行模式和工作原理，所以针对一体化系统的性能评估需要重新建立评价准则。由于一体化系统包含 S-CO$_2$ 发电子系统、高温 S-CO$_2$ 储能子系统和低温 S-CO$_2$ 储能子系统，因此需要分别明确三个子系统的评价准则。

由于 S-CO$_2$ 发电子系统的两个压缩机（C1 和 C2）均由主透平（T1）驱动，输入该子系统的能量来自热源模块，该子系统输出能量来自 T1，而输出能量同时被 C1 和 C2 部分消耗，因此它的循环效率为

$$\eta_{\text{S-CO}_2,\text{发电}} = \frac{W_{\text{T1}} - W_{\text{C1}} - W_{\text{C2}}}{Q_{\text{热源模块}}} \tag{9-5}$$

式中，W_{C1} 为主压缩机的压缩功；W_{C2} 为副压缩机的压缩功；W_{T1} 为主透平的膨胀功；$Q_{\text{热源模块}}$ 为 S-CO$_2$ 在热源模块中的吸热量。

针对高温 S-CO$_2$ 储能子系统，由于其主压缩机（C1）电能输入来自储能过程中的外部剩余电力，而副压缩机（C2）在释能过程中被主透平（T1）驱动，该子系统输入能量来自 C1 和热源模块，而来自 T1 的输出能量被 C2 部分消耗，因此高温储能循环效率为

$$\eta_{\text{S-CO}_2,\text{高温储能}} = \frac{W_{\text{T1}} - W_{\text{C2}}}{W_{\text{C1}} + Q_{\text{热源模块}}} \tag{9-6}$$

针对低温 S-CO$_2$ 储能子系统，在储能过程中采用主压缩机（C1）进行电能输入，在释能过程中采用低温透平（T2）进行电能输出，因此低温储能循环效率为

$$\eta_{\text{S-CO}_2,\text{低温储能}} = \frac{W_{\text{T2}}}{W_{\text{C1}}} \tag{9-7}$$

9.3.2　不同热源热负荷对系统性能的影响

不同热源热负荷对一体化系统性能的影响主要体现在热源模块吸热量对 S-CO$_2$ 发电子系统、高温 S-CO$_2$ 储能子系统及低温 S-CO$_2$ 储能子系统的影响。

对于 S-CO$_2$ 发电子系统，它的循环效率随传热模块热负荷的增大而上升，如图 9-8a 中黑线所示。传热模块热负荷增大，主透平（T1）入口的温度升高，使得透平做功增大，如图 9-8b 中紫线所示。同时，由于主压缩机（C1）和副压缩机（C2）进出口的参数值不变，压缩机做功不变，如图 9-8b 中绿线和黄线所示。因此，S-CO$_2$ 发电子系统循环效率逐渐升高。

对于高温 S-CO$_2$ 储能子系统，由于主压缩机使用外部输入剩余电能是循环效率计算的分母项，因此与发电循环效率计算相比，高温储能循环输出电能增大，它的增量大于输入能量的增量，这导致高温储能系统循环效率大于发电循环效率，如图 9-8a 中红线所示。值得注意的是，当热源模块热负荷增加，高温储能和发电循环效率逐渐靠近。这是因为当热负荷增大，透平做功增大，当其做功能力逐渐远高于压缩机耗功时，主压缩机和副压缩机耗功对循环效率的影响越来越小，循环效率逐渐趋近于透平输出功与热源模块热负荷的比值，此时发电循环和高温储能循环效率趋于相同。

由于低温 S-CO$_2$ 储能子系统与热源模块无关，其效率是低温透平（T2）与主压缩机（C1）的比值，而二者均为定值导致循环效率不变，如图 9-8 所示。然而，由于低温系统无外部热源，因此透平 T2 入口的参数值受到压缩机出口参数值的限制，使得其入口温度较低，因此做功较少，如图 9-8b 中粉线所示。此时，由于不存在外部热源，低温透平做功与主压缩机耗功接近，这导致低温储能循环效率为 80.99%，远高于高温 S-CO$_2$ 储能循环和 S-CO$_2$ 发电循环效率的最大值 68.58% 和 66.45%，如图 9-8a 中蓝线所示。

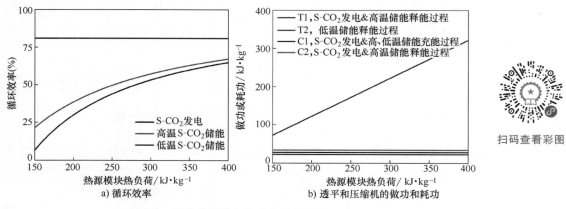

图 9-8　热源模块热负荷对关键参数的影响

9.3.3　S-CO$_2$ 储能压力对系统性能的影响

储能压力指高温和低温 S-CO$_2$ 储能子系统高压 S-CO$_2$ 储罐入口的压力值，即主压缩机（C1）出口压力。而它的值与 S-CO$_2$ 发电循环主压缩机出口压力值相同。

高温 S-CO$_2$ 储能子系统循环效率随储能压力的增大而升高，随后趋于水平，如图 9-9a 中红线所示。储能压力的升高是由于主压缩机（C1）出口压力的上升，这导致主压缩机耗功线性增大，如图 9-9b 中绿线所示。主压缩机出口压力的增大同时导致透平入口压力的增大。因此，透平做功随着储能压力的增大而显著上升，如图 9-9b 中紫线所示。然而，由于透平入口的温度保持定值，因此随着储能压力增大，热源模块需要吸收更多热量，这导致高温储能循环的外部输入能量（热源模块热负荷+主压缩机耗功）和输出能量（透平做功−副压缩机做功）同步增加。而当储能压力上升至 40MPa 时，输入和输出能量的比值基本保持不变，导致循环效率维持定值约为 55.13%。

而当发电循环压缩机出口压力（与储能压力相等）增大时，透平做功和热源模块热负荷增大，而主压缩机和副压缩机耗功也同时增大，如图 9-9b 所示。由于主压缩机在发电循环中被透平驱动，因此不纳入位于效率计算分母的外部输入能量。这导致透平输出功被主压缩机和副压缩机同时消耗。因此，虽然发电循环效率与高温储能循环效率曲线趋势一致且位置偏低，如图 9-9a 所示，但其效率最大值为 49.54%。

对于低温 S-CO$_2$ 储能子系统，它的循环效率随着储能压力的增大略微升高，如图 9-9a 中蓝线所示。低温储能能量的输出和输入仅与低温透平（T2）和主压缩机（C1）有关。由图 9-9b 可以看出，粉线所示低温透平做功与绿线所示主压缩机耗功相近，并且逐渐分离。因此，低温循环能够维持较高的循环效率（81%），并随着储能压力的上升略微增加。

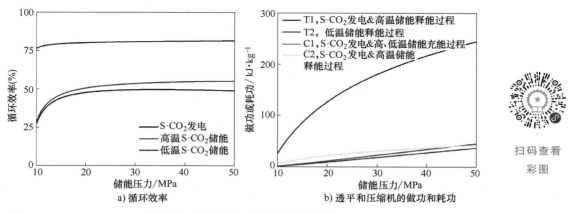

图 9-9　储能压力对关键参数的影响

9.3.4　一体化系统灵活运行和匹配建议

通过上述对一体化系统的综合分析，整理获得以下几个关键点：

1）一体化系统包含发电、储能和释能的多种运行模式，为系统针对不同用电场景下的灵活调控提供构型基础。

2）一体化系统包含 S-CO$_2$ 储能和熔融盐储热两种储能形式，二者各有优劣，可利用其特点匹配不同场景的能量储存/释放。

3）热源模块热负荷对一体化系统性能影响显著，需要根据各个热源特性与不同场景的匹配选择合适加热方法和使用时机。

4）储能压力不仅影响系统性能，还与储能容量和时长密切相关，它用以讨论大规模和长时储能场景。

首先，针对热源模块，煤炭和太阳能放热方式不同。对于煤炭能源，采用 S-CO$_2$ 燃煤锅炉和蒸汽锅炉将煤炭的化学能转化为热能以提升工质温度。传统蒸汽锅炉中，超超临界燃煤锅炉能够将水加热至 580℃[114]，而 S-CO$_2$ 燃煤锅炉能够将 S-CO$_2$ 加热至 630℃[31]。对于太阳能能源，塔式聚光型太阳能熔融盐回路能够将太阳光聚集用于加热熔融盐至 565℃[115]，随后将高温熔融盐储存。因此，假设热源模块不存在传热温差，传热模块出口 S-CO$_2$ 在各热源加热下能够分别达到的最高温度分别为 630℃（S-CO$_2$-燃煤）、580℃（超超临界水-燃煤）和 565℃（熔融盐-太阳能），而其他工质温度均可在这三个最高温度下获得，如图 9-10 所示。

此外，热源模块热负荷与出口的 S-CO$_2$ 温度如图 9-10a 中橙线所示。可以看出，三种加热方式能够达到的工质最高温度所对应最高热负荷分别为 280.68kJ·kg^{-1}（630℃）、267.70kJ·kg^{-1}（580℃）和 263.82kJ·kg^{-1}（565℃）。而更高热负荷的需求或将通过其他高温加热技术实现，如燃气轮机等。

根据图 9-10a 中热源模块热负荷和出口温度的关系，将图 9-8a 的横坐标热负荷转变为热源模块出口温度，获得如图 9-10b 所示的传热模块出口温度和一体化系统各子循环效率的关系。可以看出，采用 S-CO$_2$ 燃煤锅炉能够得到最高的发电循环和高温储能循环效率，分别为

50.00%和54.58%。其次是超超临界水锅炉，能够将发电循环和高温储能循环效率提升至47.61%和52.61%。而熔融盐加热可以达到的最高发电和高温储能循环效率分别为46.83%和51.98%。此外，由于低温S-CO$_2$储能子系统不需外部热源，因此不论热源模块采用何种加热方式都不会影响低温储能系统循环效率。

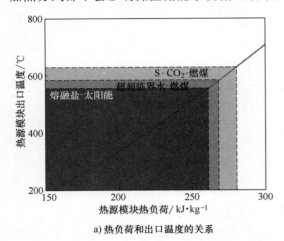

a) 热负荷和出口温度的关系

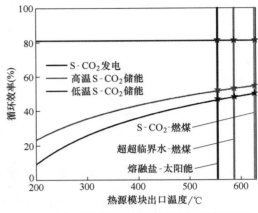

b) 出口温度和一体化系统各子循环效率的关系

图 9-10　热源模块对系统的影响特性

扫码查看彩图

其次，针对储能压力的分析主要目的在于明晰 S-CO$_2$ 储能容量和时长特性。首先，储能压力直接影响储罐内工质的密度，其随着储能压力的增加而降低，如图 9-11a 中黑线所示。为分析储能容量和时长，引入单位时间单位质量流量 S-CO$_2$ 储存容积，简称单位容积（m^3 · s^{-1}），表达式如下：

$$V_{\text{单位时间单位质量流量S-CO}_2} = \frac{1}{\rho_{\text{S-CO}_2}} \tag{9-8}$$

因此，单位容积随着储能压力的增大而减小，如图 9-11a 中红线所示。而当储能过程持续时，随着 S-CO$_2$ 向储罐不断注入，所需的储罐容量随着时间线性增大，如图 9-11b 所示。而储能压力越高，单位容积越小，因而储罐容量增加斜率越小。储能时间持续 24h 后，储能压力为 50MPa 时的储罐容积为 205.66m^3，而储能压力为 10MPa 时的储罐容积为 258.83m^3，增加了 25.85%。然而，由于单位容积随储能压力的下降趋势逐渐变缓（见图 9-11a 中红线），因此储罐容量之间的差距随着储能压力的增大而减小。10MPa 与 20MPa 储能压力下的储罐容量差异为 25.17m^3，而 40MPa 与 50MPa 的差异为 6.53m^3，如图 9-11b 所示。

再次，为分析超长时储能场景下的储能容量特性，将储能时长分别拉长至 1 月和 1 年，如图 9-11c 所示。当储能时长为 1 月时，或者说当储能需要满足 1 个月的释能时长时，储罐容量从 3084.85m^3（50MPa）增加至 3882.44m^3（10MPa），增加了 797.59m^3。而当储能时间延续至一年，储罐容量从 37018.18m^3（50MPa）增加至 46589.25m^3（10MPa），增加了 9571.07m^3。可以看出，当储存时长较长时，储罐容量的大幅增加会显著增大储能系统占地面积。因此，选择较高的储能压力可以有效降低系统占地。

针对一体化系统的运行与匹配的研究，首先需要分析多热源供热时长和工质储能时长对各子系统运行模式的限制，一体化系统子系统运行模式时长分析如表 9-1 所示。发电子系统

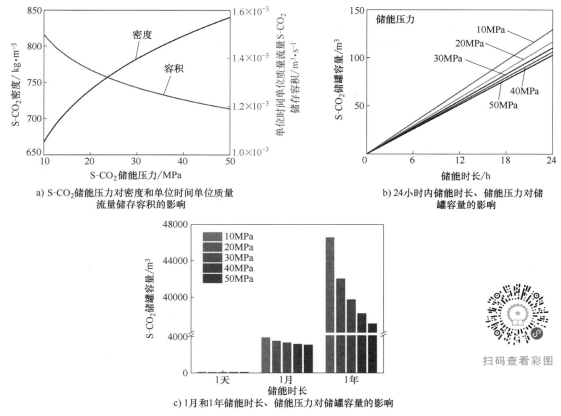

a) S-CO₂储能压力对密度和单位时间单位质量
流量储存容积的影响

b) 24小时内储能时长、储能压力对储
罐容量的影响

c) 1月和1年储能时长、储能压力对储罐容量的影响

图 9-11　储能压力对系统的影响特性

扫码查看彩图

仅存在发电模式，发电时长与热源模块中热源供热时长相关。超超临界水锅炉和S-CO₂锅炉均采用煤炭能源，当煤炭能源供应充足，其理论供热时长无限。而聚光型太阳能供热时长受到其回路中熔融盐储热时长的限制。目前熔融盐储热时长最大达11h，导致采用太阳能热源的发电子系统最长运行时间为11h。

表 9-1　一体化系统子系统运行模式时长分析

子系统	运行模式	多热源供热时长			工质储能时长	
		太阳能	煤炭-水	煤炭-S-CO₂	熔融盐	S-CO₂
发电	发电	11h	无限	无限	11h	无
高温储能	储能	无	无	无	无	无限
	释能	11h	无限	无限	11h	无限
低温储能	储能	无	无	无	无	无限
	释能	无	无	无	无	无限

139

　　高温储能子系统包含储能和释能两种运行模式。储能模式仅使用压缩机将剩余电能转化为S-CO₂内能储存，不涉及热源模块。此时，S-CO₂储存温度较低（最高约77℃），长时储存的热量损失基本可忽略。而当S-CO₂储罐抗压和密封完好时，可以忽略长时储存时的S-CO₂压力损失。因此，当S-CO₂储罐容量足够大，长时储存的热量和压力损失均忽略的情况下，其储能时长可视为无限。高温释能模式与发电模式共用循环回路。因此，释能模式采用煤炭能源时，由于供热时长和 S-CO$_2$ 储能时长均无限，因此释能模式运行时长不受限制。而当释能模式采用太阳能时，虽然 S-CO$_2$ 储能时长无限，但受到热源供热时长的限制，导致其最大运行时长仅为 11h。

低温储能子系统同样包含储能和释能模式，由于其不使用热源模块，因此运行时长与 S-CO$_2$ 储能时长一致，即为无限。

上述针对一体化系统的循环效率和运行时长的研究为各子系统的运行匹配奠定基础。此外，同时考虑了煤炭和太阳能的碳排放特性。图 9-12 表示一体化系统匹配不同热源的各子系统匹配方案在低碳环保、运行时长、循环效率和涡轮做功四个方面的雷达图。①发电模式+燃煤热源匹配方案低碳环保水平较低，然而具有最长的运行时长、涡轮做功和较高的循环效率；②发电模式+太阳能热源匹配方案非常低碳环保，然而它的运行时长和循环效率也最低，不过由于太阳能能够将透平入口的参数值提升至较高水平，因此透平做功能力较高；③高温释能模式+燃煤热源和高温释能模式+太阳能热源的匹配方案与发电模式类似，这是由于高温储能释能模式与发电模式回路重合；④低温释能模式非常低碳环保，且具有最高的运行时长及循环效率，然而由于其透平入口的参数值较低，透平做功最少。可以看出，匹配不同热源的各子系统在低碳环保、运行时长、循环效率和透平做功方面各有优劣，因此需要"取长补短"，使一体化系统灵活运行和匹配。

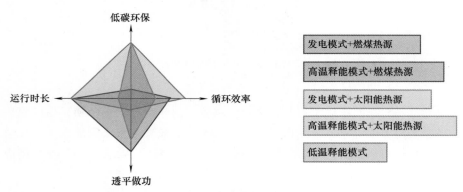

扫码查看彩图

图 9-12　一体化系统匹配不同热源的各子系统匹配方案在低碳环保、
运行时长、循环效率和涡轮做功四个方面的雷达图

综上，以"双碳"目标为导向，对一体化系统灵活运行和匹配具有以下建议：

1）在太阳能充足的情况下，所有运行模式优先采用太阳能热源。

2）当发电子系统单独运行时，对于短时用电需求，采用发电模式+太阳能热源匹配方案；对于长时用电需求，先采用发电模式+太阳能热源，后采用发电模式+燃煤热源方案，由于热源模块的存在，虽然热源种类发生变化，然而发电系统布雷顿循环不需再次启停，大大简化系统操作。

3）当发电输出电能剩余时，将剩余电力通过主压缩机转化为 S-CO$_2$ 内能储存在高压储罐中。此时，储罐中的高压 S-CO$_2$ 可以同时被高温 S-CO$_2$ 释能模式和低温 S-CO$_2$ 释能模式使用。

4）释能模式首先选择高温释能模式+太阳能热源匹配方案。当太阳能不足时，采用低温释能模式。如果存在较高透平做功需求时，释能模式采用高温释能模式+燃煤热源匹配方案。

9.4 小 结

本章分析了各类独立的发电和储能系统的集成可行性，阐述了基于多热源的 S-CO$_2$ 发电和储能一体化系统，分析了热源模块热负荷和 S-CO$_2$ 储能压力对系统性能影响特性，介绍了一体化系统灵活运行和匹配的建议。主要结论如下：

1）热源模块出口最高温度分别为 630℃（S-CO$_2$-燃煤）、580℃（超超临界水-燃煤）和 565℃（熔融盐-太阳能），能够得到最高的发电和高温储能循环效率分别为 50.00% 和 54.58%（630℃）、47.61% 和 52.61%（580℃）、46.83% 和 51.98%（565℃）。而低温储能循环效率不受热源影响，为 80.99%。

2）较高的 S-CO$_2$ 储能压力能够大幅降低长时储存下 S-CO$_2$ 储罐容量，减小系统占地。

3）发电模式和高温释能模式运行时长受到热源供热时长限制，当匹配太阳能热源时为 11h，匹配煤炭热源时为无限，仅基于 S-CO$_2$ 储存时长的低温释能模式运行时长无限。

4）匹配不同热源的各子系统在碳排放、运行时长、循环效率和透平做功方面各有优劣，优先选择太阳能的一体化系统灵活运行和匹配。

附录

附录 A　主要符号表

A	面积/m^2
B_{cal}	锅炉计算燃料消耗量/$kg \cdot s^{-1}$
Bo	浮升力因子
c_p	比定压热容/$J \cdot kg^{-1} \cdot K^{-1}$
d_i	内径/mm
d_o	外径/mm
E	弹性模量/MPa
Ec	Eckert 数
f	阻力因子
F_c	修正函数
F_g	重力/N
F_i	惯性力/N
F_s	界面力/N
G	质量流速/$kg \cdot m^{-2} \cdot s^{-1}$
g	重力加速度，$9.81 m \cdot s^{-2}$
Gr	格拉晓夫数
h	表面传热系数/$W \cdot m^{-2} \cdot K^{-1}$
i	比焓值/$J \cdot kg^{-1}$
j	j 因子
k	湍动能/$m^2 \cdot s^{-2}$
K_v	热加速因子
L	长度/mm
$\dot{m}$	质量流量/$kg \cdot s^{-1}$
N	分段数
Nu	努塞尔数
p	压力/MPa
P_c	截面周长/mm

p_{cr}	临界压力/MPa
Pr	普朗特数
Q	单位时间吸/放热量/W
q	热流密度/$W \cdot m^{-2}$
q'	单位燃料消耗量下的烟气比热量/$J \cdot kg^{-1}$
R	半径/mm
Re	雷诺数
S	内热源/$W \cdot m^{-3}$
s	管节距/mm
SR	分流比
t	壁厚/mm
T^{+}	类两相区与类气相的边界线温度/℃
T^{-}	类两相区与类液相的边界线温度/℃
T_{ave}	平均温度/℃
T_b	流体温度/℃
T_{cr}	临界温度/℃
T_{in}	流体入口温度/℃
T_{max}	最高温度/℃
T_{out}	流体出口温度/℃
T_{pc}	拟临界点温度/℃
T_s	表征屈服强度的特征温度/℃
$T_{w,in}$	内壁温/℃
$T_{w,out}$	外壁温/℃
U	总传热系数/$W \cdot m^{-2} \cdot K^{-1}$
u	速度/$m \cdot s^{-1}$
V	体积/m^3
W	单位时间的热力学功/W
We^{*}	超临界韦伯数
W_{net}	单位时间的循环净功/W
y^{+}	湍流边界层距离壁面的无量纲距离
α	角度/(°)
β	体积膨胀系数/K^{-1}
ε_r	壁面粗糙度/mm
ε	换热器能效
η_{boiler}	锅炉热效率（%）
η_c	压缩机等熵效率（%）
η_{cycle}	循环效率（%）

η_{net}	系统净发电效率（%）
η_{t}	透平等熵效率（%）
λ	热导率/$W \cdot m^{-1} \cdot K^{-1}$
μ	动力黏度/$Pa \cdot s$
ρ	密度/$kg \cdot m^{-3}$
σ	总压恢复系数
σ_{eq}	等效应力/MPa
σ_{m}	机械应力/MPa
σ_{s}	屈服强度/MPa
σ_{t}	热应力/MPa
φ	周向角度/（°）
χ	能量恢复系数
ψ	角系数
Δp	压降值/Pa
ΔT_{m}	对数平均温差/℃
∇p	压力梯度/$Pa \cdot m^{-1}$
∇T	温度梯度/$℃ \cdot m^{-1}$

附录 B　缩略词

AFF	airfoil fin，翼型翅片
DNB	departure from nucleate boiling，偏离核态沸腾
FEM	finite element method，有限元法
FGC	flue gas cooler，烟气冷却器
FGR	flue gas recirculation，烟气再循环
FVM	finite volume method，有限体积法
GTDF	generalized thermal deviation factor，广义热偏差因子
HSF	herringbone slotted fin，人字形开槽翅片
HTD	heat transfer deterioration，传热恶化
HTE	heat transfer enhancement，传热强化
HTR	high temperature recuperator，高温回热器
LMTD	logarithmic mean temperature difference，对数平均温差
LSF	longitudinal slotted fin，纵向开槽翅片
LTR	low temperature recuperator，低温回热器
MARE	mean absolute relative error，平均绝对相对误差（%）
MH	main heat，主加热
MRE	mean relative error，平均相对误差（%）

MSTE	micro shell and tube heat exchanger，微型管壳式换热器
NHT	normal heat transfer，正常传热
PCHE	printed circuit heat exchanger，印刷电路板式换热器
PEC	performance evaluation criteria，综合性能评价因子
PRC	performance recovery coefficient，性能恢复系数
RMSRE	root-mean-square relative error，均方根相对误差（%）
SBO	supercritical boiling number，超临界沸腾数
S-CO$_2$	supercritical carbon dioxide，超临界二氧化碳
SF	slotted fin，开槽翅片
SW	supercritical water，超临界水
TDF	thermal deviation factor，热偏差因子

参 考 文 献

［1］ SULTAN U, ZHANG Y J, FAROOQ M, et al. Qualitative assessment and global mapping of supercritical CO_2 power cycle technology ［J］. Sustainable Energy Technologies and Assessments, 2021, 43: 100978.

［2］ CRESPI F, GAVAGNIN G, SÁNCHEZ D, et al. Supercritical carbon dioxide cycles for power generation: A review ［J］. Applied Energy, 2017, 195: 152-183.

［3］ MOHAMMED R H, ALSAGRI A S, WANG X L. Performance improvement of supercritical carbon dioxide power cycles through its integration with bottoming heat recovery cycles and advanced heat exchanger design: A review ［J］. International Journal of Energy Research, 2020, 44 (9): 7108-7135.

［4］ PAN L S, MA Y J, LI T, et al. Investigation on the cycle performance and the combustion characteristic of two CO_2-based binary mixtures for the transcritical power cycle ［J］. Energy, 2019, 179: 454-463.

［5］ WRIGHT S A, RADEL R F, VERNON M E, et al. Operation and analysis of a supercritical CO_2 Brayton cycle ［R］. New Mexico: Sandia National Laboratory, 2010.

［6］ BAE S J, AHN Y, LEE J, et al. Experimental and numerical investigation of supercritical CO_2 test loop transient behavior near the critical point operation ［J］. Applied Thermal Engineering, 2016, 99: 572-582.

［7］ DING H, ZHANG Y L, HONG G, et al. Comparative study of the supercritical carbon-dioxide recompression Brayton cycle with different control strategies ［J］. Progress in Nuclear Energy, 2021, 137: 103770.

［8］ FAN Y H, TANG G H, LI X L, et al. General and unique issues at multiple scales for supercritical carbon dioxide power system: A review on recent advances ［J］. Energy Conversion and Management, 2022, 268: 115993.

［9］ ENGEDA A, CHEN J B. Prospect and challenges for developing and marketing a Brayton-cycle based power genset gas-turbine using supercritical CO_2: Part Ⅱ Theturbomachinery components design challenges ［C］//Proceedings of ASME Turbo Expo 2020 Turbomachinery Technical Conference and Exposition, 2020.

［10］ CAI H F, JIANG Y Y, WANG T, et al. Experimental investigation on convective heat transfer and pressure drop of supercritical CO_2 and water in microtube heat exchangers ［J］. International Journal of Heat and Mass Transfer, 2020, 163: 120443.

［11］ CAI H F, LIANG S Q, GUO C H, et al. Numerical investigation on heat transfer of supercritical carbon dioxide in the microtube heat exchanger at low reynolds numbers ［J］. International Journal of Heat and Mass Transfer, 2020, 151: 119448.

［12］ KIM D E, KIM M H, CHA J E, et al. Numerical investigation on thermal-hydraulic performance of new printed circuit heat exchanger model ［J］. Nuclear Engineering and Design, 2008, 238 (12): 3269-3276.

［13］ MECHERI M, LE MOULLEC Y. Supercritical CO_2 Brayton cycles for coal-fired power plants ［J］. Energy, 2016, 103: 758-771.

［14］ LEMMON E W, HUBER M L, MCLINDEN M O. NIST reference fluid thermodynamic and transport properties REFPROP ［M］. Gaithersburg: National Institute of Standard and Technology, 2007.

［15］ JACKSON J D, COTTON M A, AXCELL B P. Studies of mixed convection in vertical tubes ［J］. Inernaltional Journal of Heat Fluid Flow, 1989, 10 (1): 2-15.

［16］ KIM D E, KIM M H. Experimental investigation of heat transfer in vertical upward and downward supercritical CO_2 flow in a circular tube ［J］. International Journal of Heat and Fluid Flow, 2011, 32 (1): 176-191.

［17］ LI Z H, WU Y X, LU J F, et al. Heat transfer to supercritical water in circular tubes with circumferentially non-uniform heating ［J］. Applied Thermal Engineering, 2014, 70（1）: 190-200.

［18］ JAROMIN M, ANGLART H. A numerical study of heat transfer to supercritical water flowing upward in vertical tubes under normal and deteriorated conditions ［J］. Nuclear Engineering and Design, 2013, 264: 61-70.

［19］ LI Z H, WU Y X, TANG G L, et al. Comparison between heat transfer to supercritical water in a smooth tube and in an internally ribbed tube ［J］. International Journal of Heat and Mass Transfer, 2015, 84: 529-541.

［20］ LI Z H, LU J F, TANG G L, et al. Effects of rib geometries and property variations on heat transfer to supercritical water in internally ribbed tubes ［J］. Applied Thermal Engineering, 2015, 78: 303-314.

［21］ ZHANG G, ZHANG H, GU H Y, et al. Experimental and numerical investigation of turbulent convective heat transfer deterioration of supercritical water in vertical tube ［J］. Nuclear Engineering and Design, 2012, 248: 226-237.

［22］ BANUTI D T. Crossing the Widom-line-supercritical pseudo-boiling ［J］. The Journal of Supercritical Fluids, 2015, 98: 12-16.

［23］ FAN Y H, TANG G H, SHENG Q, et al. S-CO_2 cooling heat transfer mechanism based on pseudo-condensation and turbulent field analysis ［J］. Energy, 2023, 262: 125470.

［24］ FAN Y H, TANG G H, LI X L, et al. Correlation evaluation on circumferentially average heat transfer for supercritical carbon dioxide in non-uniform heating vertical tubes ［J］. Energy, 2019, 170: 480-496.

［25］ HE Y L, QIU Y, WANG K, et al. Perspective of concentrating solar power ［J］. Energy, 2020, 198: 117373.

［26］ WANG K, LI M J, GUO J Q, et al. A systematic comparison of different S-CO_2 Brayton cycle layouts based on multi-objective optimization for applications in solar power tower plants ［J］. Applied Energy, 2018, 212: 109-121.

［27］ EHSAN M M, GUAN Z Q, GURGENCI H, et al. Feasibility of dry cooling in supercritical CO_2 power cycle in concentrated solar power application: Review and a case study ［J］. Renewable and Sustainable Energy Reviews, 2020, 132: 110055.

［28］ ORTEGA J, KHIVSARA S, CHRISTIAN J, et al. Coupled modeling of a directly heated tubular solar receiver for supercritical carbon dioxide Brayton cycle: Structural and creep-fatigue evaluation ［J］. Applied Thermal Engineering, 2016, 109: 979-987.

［29］ WANG K, ZHANG Z D, LI M J, et al. A coupled optical-thermal-fluid-mechanical analysis of parabolic trough solar receivers using supercritical CO_2 as heat transfer fluid ［J］. Applied Thermal Engineering, 2021, 183: 116154.

［30］ KIM S, CHO Y, KIM M S, et al. Characteristics and optimization of supercritical CO_2 recompression power cycle and the influence of pinch point temperature difference of recuperators ［J］. Energy, 2018, 147: 1216-1226.

［31］ XU J L, SUN E H, LI M J, et al. Key issues and solution strategies for supercritical carbon dioxide coal fired power plant ［J］. Energy, 2018, 157: 227-246.

［32］ LI X L, YU X Y, LIU P T, et al. S-CO_2 flow in vertical tubes of large-diameter: Experimental evaluation and numerical exploration for heat transfer deterioration and prevention ［J］. International Journal of Heat and Mass Transfer, 2023, 216: 124563.

［33］ GRAZZINI G, MILAZZO A. Thermodynamic analysis of CAES/TES systems for renewable energy plants ［J］. Renewable Energy, 2008, 33（9）: 1998-2006.

［34］ JAKIEL C, ZUNFT S, NOWI A. Adiabatic compressed air energy storage plants for efficient peak load power supply from wind energy: the European project AA-CAES ［J］. International Journal of Energy Technology of Policy, 2007, 5: 296-306.

［35］ MORGAN R, NELMES S, GIBSON E, et al. Liquid air energy storage-Analysis and first results from a pilot scale demonstration plant ［J］. Applied Energy, 2015, 137: 845-853.

［36］ MILEVA A, NELSON J H, JOHNSTON J, et al. SunShot solar power reduces costs and uncertainty in future low-carbon electricity systems ［J］. Environmental Science and Technology, 2013, 47 (16): 9053-9060.

［37］ LAVINE A S, LOVEGROVE K M, JORDAN J, et al. Thermochemical energy storage with ammonia: Aiming for the sunshot cost target ［J］. AIP Conference Proceedings, 2016, 1734 (1): 050028.

［38］ MARION J, KUTIN M, MCCLUNG A, et al. The STEP 10 MWe sCO$_2$ pilot plant demonstration ［C］// ASME Turbo Expo 2019: Turbomachinery Technical Conference and Exposition. New York: ASME, 2019.

［39］ MARION J, LARIVIERE B, MCCLUNG A, et al. The STEP 10 MWe S-CO$_2$ pilot demonstration status update ［C］//ASME Turbo Expo 2020: Turbomachinery Technical Conference and Exposition. New York: ASME, 2020.

［40］ ZHANG G, LI Y, DAI Y J, et al. Heat transfer to supercritical water in a vertical tube with concentrated incident solar heat flux on one side ［J］. International Journal of Heat and Mass Transfer, 2016, 95: 944-952.

［41］ LE MOULLEC Y, QI Z P, ZHANG J Y, et al. Shouhang-EDF 10MWe supercritical CO$_2$ cycle +CSP demonstration project ［C］//3rd European Conference on Supercritical CO$_2$ (sCO$_2$) Power Systems, 2019.

［42］ HUANG Y, BAO X, DUAN L B. Experimental and numerical investigation on heat transfer of supercritical CO$_2$ in a horizontal U-tube under thermal boundary of immersed tube ［J］. International Communications in Heat and Mass Transfer, 2022, 138: 106364.

［43］ LI Z H, JIANG P X, ZHAO C R, et al. Experimental investigation of convection heat transfer of CO$_2$ at supercritical pressures in a vertical circular tube ［J］. Experimental Thermal and Fluid Science, 2010, 34: 1162-1171.

［44］ YANG D L, TANG G H, SHENG Q, et al. Effects of multiple insufficient charging and discharging on compressed carbon dioxide energy storage ［J］. Energy, 2023, 278: 127901.

［45］ 李乐璇, 徐玉杰, 尹钊, 等. 超临界二氧化碳储能系统㶲损特性分析 ［J］. 储能科学与技术, 2021, 10: 1824-1834.

［46］ YANG D L, TANG G H, LUO K H, et al. Integration and conversion of supercritical carbon dioxide coal-fired power cycle and high-efficiency energy storage cycle: Feasibility analysis based on a three-step strategy ［J］. Energy Conversion and Management, 2022, 269: 116074.

［47］ YIN J M, ZHENG Q Y, PENG Z R, et al. Review of supercritical CO$_2$ power cycles integrated with CSP ［J］. International Journal of Energy Research, 2019, 44 (3): 1337-1369.

［48］ WANG K, HE Y L. Thermodynamic analysis and optimization of a molten salt solar power tower integrated with a recompression supercritical CO$_2$ Brayton cycle based on integrated modeling ［J］. Energy Conversion and Management, 2017, 135: 336-350.

［49］ 何雅玲, 王坤, 杜保存, 等. 聚光型太阳能热发电系统非均匀辐射能流特性及解决方法的研究进展 ［J］. 科学通报, 2016, 61 (30): 3208-3237.

［50］ FAN Y H, TANG G H, YANG D L, et al. Integration of S-CO$_2$ Brayton cycle and coal-fired boiler: Thermal-hydraulic analysis and design ［J］. Energy Conversion and Management, 2020, 225: 113452.

［51］ WANG K, LI M J, ZHANG Z D, et al. Evaluation of alternative eutectic salt as heat transfer fluid for solar power tower coupling a supercritical CO_2 Brayton cycle from the viewpoint of system-level analysis [J]. Journal of Cleaner Production, 2021, 279: 123472.

[52] ZHOU J, ZHU M, SU S, et al. Numerical analysis and modified thermodynamic calculation methods for the furnace in the 1000 MW supercritical CO_2 coal-fired boiler [J]. Energy, 2020, 212: 118735.

[53] YILDIZ S, GROENEVELD D C. Diameter effect on supercritical heat transfer [J]. International Communications in Heat and Mass Transfer, 2014, 54: 27-32.

[54] ZHU B G, XU J L, WU X M, et al. Supercritical "boiling" number, a new parameter to distinguish two regimes of carbon dioxide heat transfer in tubes [J]. International Journal of Thermal Sciences, 2019, 136: 254-266.

[55] PUCCIARELLI A, KASSEM S, AMBROSINI W. Characterisation of observed heat transfer deterioration modes at supercritical pressure with the aid of a CFD model [J]. Annals of Nuclear Energy, 2022, 178: 109376.

[56] SIMEONI G G, BRYK T, GORELLI F A, et al. The Widom line as the crossover between liquid-like and gas-like behaviour in supercritical fluids [J]. Nature Physics, 2010, 6 (7): 503-507.

[57] HA M Y, YOON T J, TLUSTY T, et al. Widom delta of supercritical gas-liquid coexistence [J]. The Journal of Physical Chemistry Letters, 2018, 9 (7): 1734-1738.

[58] ZERÓN I M, TORRES A J, DE JESÚS E N, et al. Discrete potential fluids in the supercritical region [J]. Journal of Molecular Liquids, 2019, 293: 111518.

[59] WANG Q Y, MA X J, XU J L, et al. The three-regime-model for pseudo-boiling in supercritical pressure [J]. International Journal of Heat and Mass Transfer, 2021, 181: 121875.

[60] KANDLIKAR S G. Heat transfer mechanisms during flow boiling in microchannels [J]. ASME Journal of Heat Transfer, 2004, 126 (1): 8-16.

[61] ZHU B G, XU J L, YAN C S, et al. The general supercritical heat transfer correlation for vertical up-flow tubes: K number correlation [J]. International Journal of Heat and Mass Transfer, 2020, 148: 119080.

[62] MENTER F R. Two-equation eddy-viscosity turbulence models for engineering applications [J]. AIAA Journal, 1994, 32 (8): 1598-1605.

[63] ZHANG H S, XU J L, WANG Q Y, et al. Multiple wall temperature peaks during forced convective heat transfer of supercritical carbon dioxide in tubes [J]. International Journal of Heat and Mass Transfer, 2021, 172: 121171.

[64] CHENG Z D, HE Y L, CUI F Q. Numerical study of heat transfer enhancement by unilateral longitudinal vortex generators inside parabolic trough solar receivers [J]. International Journal of Heat and Mass Transfer, 2012, 55 (21-22): 5631-5641.

[65] LIU P, ZHENG N B, SHAN F, et al. An experimental and numerical study on the laminar heat transfer and flow characteristics of a circular tube fitted with multiple conical strips inserts [J]. International Journal of Heat and Mass Transfer, 2018, 117: 691-709.

[66] ZHU B G, XU J L, ZHANG H S, et al. Effect of non-uniform heating on S-CO_2 heat transfer deterioration [J]. Applied Thermal Engineering, 2020, 181: 115967.

[67] XIE J Z, LIU D C, YAN H B, et al. A review of heat transfer deterioration of supercritical carbon dioxide flowing in vertical tubes: Heat transfer behaviors, identification methods, critical heat fluxes, and heat transfer correlations [J]. International Journal of Heat and Mass Transfer, 2020, 149: 119233.

[68] HUANG D, WU Z, SUNDEN B, et al. A brief review on convection heat transfer of fluids at supercritical pressures in tubes and the recent progress [J]. Applied Energy, 2016, 162: 494-505.

[69] WANG H, LEUNG L K H, WANG W S, et al. A review on recent heat transfer studies to supercritical

pressure water in channels [J]. Applied Thermal Engineering, 2018, 142: 573-596.

[70]　YOUNG W C, BUDYNAS R G. Roark's formulas for stress and strain [M]. New York: McGraw-Hill, 2002.

[71]　LOGIE W R, PYE J D, COVENTRY J. Thermoelastic stress in concentrating solar receiver tubes: A retrospect on stress analysis methodology, and comparison of salt and sodium [J]. Solar Energy, 2018, 160: 368-379.

[72]　刘福国. 基于受热面负荷特性的超临界锅炉炉膛对流与辐射耦合传热计 [J]. 燃烧科学与技术, 2010, 16 (4): 369-374.

[73]　HAO X H, XU P X, SUO H, et al. Numerical investigation of flow and heat transfer of supercritical water in the water-cooled wall tube [J]. International Journal of Heat and Mass Transfer, 2020, 148: 119084.

[74]　FAN Y H, TANG G H. Numerical investigation on heat transfer of supercritical carbon dioxide in a vertical tube under circumferentially non-uniform heating [J]. Applied Thermal Engineering, 2018, 138: 354-364.

[75]　李维特, 黄保海, 毕仲波. 热应力理论分析及应用 [M]. 北京: 中国电力出版社, 2004.

[76]　LI X L, TANG G H, YANG D L, et al. Thermal-hydraulic-structural evaluation of S-CO$_2$ cooling wall tubes: A thermal stress evaluating criterion and optimization [J]. International Journal of Thermal Sciences, 2021, 170: 107161.

[77]　LI X L, LI G X, TANG G H, et al. A generalized thermal deviation factor to evaluate the comprehensive stress of tubes under non-uniform heating [J]. Energy, 2023, 263: 125710.

[78]　RASHIDI S, HORMOZI F, SUNDÉN B, et al. Energy saving in thermal energy systems using dimpled surface technology-A review on mechanisms and applications [J]. Applied Energy, 2019, 250: 1491-1547.

[79]　HUANG Z, YU G L, LI Z Y, et al. Numerical study on heat transfer enhancement in a receiver tube of parabolic trough solar collector with dimples, protrusions and helical fins [J]. Energy Procedia, 2015, 69: 1306-1316.

[80]　BI C, TANG G H, TAO W Q. Heat transfer enhancement in mini-channel heat sinks with dimples and cylindrical grooves [J]. Applied Thermal Engineering, 2013, 55 (1-2): 121-132.

[81]　YANG D L, TANG G H, FAN Y H, et al. Arrangement and three-dimensional analysis of cooling wall in 1000 MW S-CO$_2$ coal-fired boiler [J]. Energy, 2020, 197: 117168.

[82]　王致祥, 梁志钊, 孙国模, 等. 管道应力分析与计算 [M]. 北京: 水利电力出版社, 1983.

[83]　CHENG L X, RIBATSKI G, THOME J R. Analysis of supercritical CO$_2$ cooling in macro-and micro-channels [J]. International Journal of Refrigeration, 2008, 31 (8): 1301-1316.

[84]　FANG X D, XU Y. Modified heat transfer equation for in-tube supercritical CO$_2$ cooling [J]. Applied Thermal Engineering, 2011, 31 (14-15): 3036-3042.

[85]　O'NEILL L E, BALASUBRAMANIAM R, NAHRA H K, et al. Identification of condensation flow regime at different orientations using temperature and pressure measurements [J]. International Journal of Heat and Mass Transfer, 2019, 135: 569-590.

[86]　DANG C B, HIHARA E. In-tube cooling heat transfer of supercritical carbon dioxide. Part 1. Experimental measurement [J]. International Journal of Refrigeration, 2004, 27 (7): 736-747.

[87]　HUAI X L, KOYAMA S, ZHAO T S. An experimental study of flow and heat transfer of supercritical carbon dioxide in multi-port mini channels under cooling conditions [J]. Chemical Engineering Science, 2005, 60 (12): 3337-3345.

[88]　WANG K, HE Y L, ZHU H H. Integration between supercritical CO$_2$ Brayton cycles and molten salt solar

power towers: A review and a comprehensive comparison of different cycle layouts [J]. Applied Energy, 2017, 195: 819-836.

[89] KWON J S, SON S, HEO J Y, et al. Compact heat exchangers for supercritical CO_2 power cycle application [J]. Energy Conversion and Management, 2020, 209: 112666.

[90] JOHNSTON A M, LEVY W, RUMBOLD S O. Appliaction of printed circuit heat exchanger tecnnology within heteraogenous catalytic reactors [C] //AIChE Annual Meeting, 2001. New York: AIChE, 2001.

[91] GUO J F. Design analysis of supercritical carbon dioxide recuperator [J]. Applied Energy, 2016, 164: 21-27.

[92] GNIELINSKI V. New equations for heat and mass transfer in turbulent pipe and channel flow [J]. International Chemical Engineering, 1976, 16 (2): 359-368.

[93] ISHIZUKA T, KATO Y, MUTO Y, et al. Thermal-hydraulic characteristics of a printed circuit heat exchanger in a supercritical CO_2 loop [J]. International Journal of Refrigeration, 2006 (29): 807-814.

[94] NGO T L, KATO Y, NIKITIN K, et al. Heat transfer and pressure drop correlations of microchannel heat exchangers with S-shaped and zigzag fins for carbon dioxide cycles [J]. Experimental Thermal and Fluid Science, 2007, 32 (2): 560-570.

[95] YOON S H, NO H C, KANG G B. Assessment of straight, zigzag, S-shape, and airfoil PCHEs for intermediate heat exchangers of HTGRs and SFRs [J]. Nuclear Engineering and Design, 2014, 270: 334-343.

[96] JIANG Y, LIESE E, ZITNEY S E, et al. Optimal design of microtube recuperators for an indirect supercritical carbon dioxide recompression closed Brayton cycle [J]. Applied Energy, 2018, 216: 634-648.

[97] CUI X Y, GUO J F, HUAI X L, et al. Numerical study on novel airfoil fins for printed circuit heat exchanger using supercritical CO_2 [J]. International Journal of Heat and Mass Transfer, 2018, 121: 354-366.

[98] XU X Y, MA T, LI L, et al. Optimization of fin arrangement and channel configuration in an airfoil fin PCHE for supercritical CO_2 cycle [J]. Applied Thermal Engineering, 2014, 70 (1): 867-875.

[99] XU X Y, WANG Q W, LI L, et al. Thermal-hydraulic performance of different discontinuous fins used in a printed circuit heat exchanger for supercritical CO_2 [J]. Numerical Heat Transfer, Part A: Applications, 2015, 68 (10): 1067-1086.

[100] FAN J F, DING W K, ZHANG J F, et al. A performance evaluation plot of enhanced heat transfer techniques oriented for energy-saving [J]. International Journal of Heat and Mass Transfer, 2009, 52 (1-2): 33-44.

[101] LI X L, TANG G H, FAN Y H, et al. A performance recovery coefficient for thermal-hydraulic evaluation of recuperator in supercritical carbon dioxide Brayton cycle [J]. Energy Conversion and Management, 2022, 256: 115393.

[102] JEONG W S, LEE J I, JEONG Y H. Potential improvements of supercritical recompression CO_2 Brayton cycle by mixing other gases for power conversion system of a SFR [J]. Nuclear Engineering and Design, 2011, 241 (6): 2128-2137.

[103] 李楠. 预冷吸气式组合循环发动机预冷器传热特性及抑冰机理研究 [D]. 西安: 西安交通大学, 2023.

[104] FAN Y H, YANG D L, TANG G H, et al. Design of S-CO_2 coal-fired power system based on the multi-scale analysis platform [J]. Energy, 2022, 240: 122482.

[105] ZHANG L J, DENG T R, KLEMEŠ J J, et al. Supercritical CO_2 Brayton cycle at different heat source temperatures and its analysis under leakage and disturbance conditions [J]. Energy, 2021,

237：121610.

[106] SUN E H, HU H, LI H N, et al. How to construct a combined S-CO$_2$ cycle for coal fired power plant? [J]. Entropy, 2018, 21 (1)：1-16.

[107] DOSTAL V, DRISCOLL M J, HEJZLAR P. Advanced Nuclear Power Technology Program [R]. [S. 1:] The MIT Center for Advanced Nuclear Energy Systems, 2004.

[108] 车德福，庄正宁，李军. 锅炉 [M]. 2 版. 西安：西安交通大学出版社，2008.

[109] 周强泰. 锅炉原理 [M]. 3 版. 北京：中国电力出版社，2013.

[110] LIU C, XU J L, LI M J, et al. Scale law of sCO$_2$ coal fired power plants regarding system performance dependent on power capacities [J]. Energy Conversion and Management, 2020, 226：113505.

[111] 孙恩慧. 超高参数二氧化碳燃煤发电系统热力学研究 [D]. 北京：华北电力大学，2020.

[112] ZHOU J, ZHU M, XU K, et al. Key issues and innovative double-tangential circular boiler configurations for the 1000 MW coal-fired supercritical carbon dioxide power plant [J]. Energy, 2020, 199：117474.

[113] LIU H, HE Q, BORGIA A, et al. Thermodynamic analysis of a compressed carbon dioxide energy storage system using two saline aquifers at different depths as storage reservoirs [J]. Energy Conversion and Management, 2016, 127：149-159.

[114] FAN H J, ZHANG Z X, DONG J C, et al. China's R&D of advanced ultra-supercritical coal-fired power generation for addressing climate change [J]. Thermal Science and Engineering Progress, 2018, 5：364-371.

[115] WANG K, HE Y L, ZHU H H. Integration between supercritical CO$_2$ Brayton cycles and molten salt solar power towers：A review and a comprehensive comparison of different cycle layouts [J]. Applied Energy, 2017, 195：819-836.